U0151504

简单一蒸就好吃

萨巴蒂娜◎主编

中国轻工业出版社

初步了解全书

这本书因何而生

- 蒸菜，除了健康，更是原汁原味的代名词。因为蒸菜的烹饪方式相对更加"温柔"，不会破坏食材原有的品相和味道，仅仅用蒸汽加热至熟，所以食材原来的口感和味道都能在嘴巴里原汁原味地呈现出来。

- 蒸菜通常都是少油又简单的做法，吃下去身体清爽，吃完了厨房也清爽，少了许多油烟，也少了清洗时的种种麻烦和劳累。所以我们从萨巴厨房系列图书中挑选了众多经典又简单的蒸菜，给你的厨房和餐桌送来更多的清爽与健康。

这本书都有什么

- 对于蒸菜来说，如何保留食材的原汁原味是最重要的，对于不同种类的食材，有不同的处理方式，所以我们按照食材为线索，将全书分为了蔬菜、肉蛋、水产、主食四大章节，涵盖了餐桌上常见的大部分食材，哪怕只用"蒸"这一种烹饪方式，就能做出一桌好菜来。

- 除此之外，我们还以流程导图的形式呈现烹饪步骤，让每一步的衔接清晰明了。

- 核心步骤冠以醒目的标题，让你一眼统揽全局，不用看小字，也知道下一步该做啥。

看着名字
就流口水

时间、难易
度清楚明了

品尝菜肴也
是有情怀的

清甜香嫩的江南风味
清蒸狮子头

需要用到的食材
一目了然

烹饪秘籍，让你与美味
不再失之交臂

脑图式操作
环节，全流
程一览无余

详尽直观的
操作步骤让
你简单上手

为了确保菜谱的可操作性，
本书的每一道菜都经过我们试做、试吃，并且是现场烹饪后直接拍摄的。
本书每道食谱都有步骤图、烹饪秘籍、烹饪难度和烹饪时间的指引，确保你照着图书一步步
操作便可以做出好吃的菜肴。但是具体用量和火候的把握则需要你经验的累积。

书中部分菜品图片含有装饰物，不作为必要食材元素出现在菜谱文字中，读者可根据自己的
喜好增减。

蒸，是一种好玩的厨房游戏

　　曾看过一个问题，问为什么同样是面粉，西方人做的是面包，而中国人做的是馒头。我猜是因为中国人更习惯于"蒸"这种烹饪方式吧。其实，用"蒸"这种方式，咱中国人何止会做馒头啊，花卷、饺子、包子、粽子、八宝饭、粉蒸肉、珍珠丸子、狮子头、荷叶鸡、大闸蟹、鸽子汤，带馅的不带馅的，荤的素的，咸的甜的，辣的苦的，应有尽有，只有你想不到的，没有咱中国人做不出的。

　　小时候看《故事会》，看过一个故事，民间一个精通烹饪的老厨师，做了了一个巨大的饺子，打开饺子，里面不但有四菜一汤，还有一壶好酒和一对酒盅。也就是只做一道料理，只用一个蒸的方法，就可以满足你对美食和仪式的全部幻想。更别说，蒸是一种多么健康又简洁的烹饪方法了。

　　有一段时间，我买了很多种杂粮，研究各种面食的蒸法。比如窝头，用玉米面掺不同比例的豆面（黑豆面、黄豆面、豌豆面）和其他粗粮，比如小米面、栗子面，发现每次口感都大不相同，都很好吃。掺水的比例不同，增添不同的辅料，都会变成一种完全不同的食物。关键是做完了之后，厨房没有油烟，也不需要太多的打扫，用抹布抹两下就干净了。跟烘焙一样，享受变魔法的乐趣，但是却没那么复杂和麻烦。

　　于是我跟同事说，我们做一本全是"蒸"的图书吧，读者肯定喜欢。

　　于是，就有了这么一本书。

　　希望您经过实践之后也和我一样，变得更加热爱烹饪和生活。

高欣茹

萨巴蒂娜
个人微信公众号

萨巴小传：本名高欣茹。萨巴蒂娜是当时出道写美食书时用的笔名。曾主编过八十多本畅销美食图书，出版过小说《厨子的故事》，美食散文集《美味关系》。现任"萨巴厨房"主编。

敬请关注萨巴新浪微博 www.weibo.com/sabadina

目录

Chapter 1 蔬菜篇

老干妈蒸茄子
030

蒜蓉麻酱蒸茄子
032

蚝油金针菇蒸豆腐
036

手撕茄子
033

豆皮菠菜卷
034

豆干杏鲍菇
035

剁椒蒸芋头
042

肉末蒸冬瓜
044

冬瓜火腿片
046

上汤娃娃菜
047

白菜烧卖
048

粉蒸胡萝卜丝
050

焦糖蒸香芋
051

木瓜蒸百合
052

山药火腿叠片
053

桂花蒸山药
053

红糖糯米藕
054

枣泥糯米藕
056

牛奶木瓜
058

百合蜜枣南瓜条
058

Chapter
2
肉蛋篇

糯米珍珠丸子
060

芙蓉茄盒
061

千张肉卷
062

番茄蒸肉盅
064

榨菜肉末蒸豆腐
065

榄菜蒸酿豆腐
066

榄菜肉末蒸豆腐
068

梅菜肉饼蒸蛋
070

咸肉虾干蒸白菜
072

咸肉冬瓜蒸干菜
074

咸蛋黄蒸肉卷
076

豆豉蒸肉
077

扣蒸酥肉
078

香菇蒸肉饼
092

荸荠蘑菇小碗蒸
093

枣香里脊
094

黄花菜蒸里脊
094

老干妈蒸月牙骨
095

南瓜蒸排骨
096

蚝油排骨叠豆腐
098

五香牛蹄筋
098

咖喱牛腩煲
099

金针菇肥牛卷
100

翡翠牛肉卷
101

白玉萝卜牛肉盅
102

白萝卜蒸牛腩
104

五彩杂蔬牛肉丸
105

豉汁蒸凤爪
114

剁椒蒸鸡腿
116

香菇木耳蒸鸡
118

香葱金针菇蒸蛋
120

南瓜蒸蛋
122

牛奶蛋羹
123

椰奶鸡蛋羹
124

番茄鱼肉羹	柠檬蒸鲈鱼	清蒸鲈鱼	柠檬鳕鱼柳
126	128	130	131

姜丝豆豉蒸鳕鱼	蚝汁多宝鱼	豆豉蒸龙利鱼	豆豉蒸鱼	豉油鳕鱼段
131	132	133	134	136

清蒸大闸蟹	蒜蓉扇贝	蒜蓉蒸龙虾	太极海鲜蒸
151	152	153	154

白玉鲜虾卷	鲜虾豆腐煲	豆腐蒸虾仁	剁椒蒸虾饼	蒸三鲜
155	156	157	158	160

Chapter
4
主食篇

荷叶腊味蒸饭
162

山药蔬菜球
164

荷叶糯米团
165

高纤五谷杂粮蒸
166

糯米素烧卖
167

蒸烧卖
168

香肠卷
174

水晶虾饺
170

水晶蒸饺
171

蛋肉龙
172

双色馒头
176

紫薯馒头
178

豆沙包
180

计量单位对照表

1 茶匙固体材料 =5 克

1 汤匙固体材料 =15 克

1 茶匙液体材料 =5 毫升

1 汤匙液体材料 =15 毫升

蒸的秘密

"蒸"的烹饪方式由来已久。从古至今，从馒头、包子等各类主食，到蒸扣肉、清蒸鱼等肉类、鱼类的不同菜品，蒸，早已是食客们耳熟能详的经典烹饪方式。

社会发展到今天，人们希望吃得更加健康、营养，尽量在满足口腹之欲的同时，降低在烹饪过程中产生的附加热量，所以蒸菜受到越来越多的渴望健康的人群的喜爱。

蒸制工具的介绍

传统的蒸制工具大多为竹器、铁器，比如竹蒸笼、铁锅、砂锅等。随着现代科技的发展，人们研制出了不锈钢锅、硅胶垫等产品，令烹饪工具的选择范围变得更加广泛，烹饪的乐趣也在不断提升。

1. 竹制品（竹蒸笼）

特色非常明显，古香古色、竹香萦绕，带着传统慢生活的气息。大部分由手工编制，细节之美无处不在。竹子独特的清香，在烹饪过程中浸入到食材里，带来别具一格的风味，一般搭配蒸笼布一起使用。但不足之处是，因由篾子编造而成，接缝处不方便清洗，容易藏污纳垢。如果没有通风良好的保存环境，容易产生霉变，影响品质和美观。

2. 不锈钢制品

不锈钢锅具现在越来越广泛地用于家庭烹饪当中，其具有造型多样、易清洗保养的优点，很多款式同时带有折叠的功能，大大节约了存储收纳的空间，很适合现代生活的节奏和环境。

不锈钢蒸屉

不锈钢蒸笼

莲花蒸盘、蒸架

通常是指不锈钢蒸笼中摆放食物的隔层，也可以单独购买。除了在配套的不锈钢蒸笼里使用外，也可以架在其他的锅中使用，光滑的不锈钢表面利于清洗和放置。

这是常见且性价比很高的烹饪工具，家用的多为两层蒸屉，底部倒满水后还可以放入需要煮熟的食品，比如鸡蛋等，利用率非常高。

可以聚合散开，方便收纳。散开时架在锅具中可进行蒸制，平时也可以作为沥干食材水分的工具使用。具有类似功能的有创意的小工具还有很多，可以根据实际需求在网上搜索购买。

3. 其他蒸制工具

食品硅胶蒸笼垫

防烫夹

棉纱蒸笼布

食品级的硅胶是安全可靠的烹饪工具，但一定要购买正规品牌的产品。硅胶蒸笼垫相比传统的蒸笼布的优势在于：光滑的材质能有效防止食材粘连、方便清洗、擦干和收纳、不易产生霉菌，使用寿命更长。

蒸菜的高温蒸汽经常会烫到手，传统的使用毛巾隔热有安全隐患，而且不卫生，而烘焙用的厚手套又过于厚重，不灵活，在端碗的过程中容易打滑。防烫夹子能卡住非常细小的边沿，并且牢固安全，不会烫手。

棉纱蒸笼布的传统工艺和造型，会带来烹饪过程中视觉上的美感，制作原料也让人觉得非常环保、安全。美中不足的是，使用寿命比较短，而且需要更加严格的清洗步骤和干燥洁净的晾晒收纳环境，以避免霉菌等二次污染。

提高菜品颜值的工具

因长时间高温蒸制和较为固定、不能翻动的烹饪方式，会让蒸菜的菜品和餐具之间形成稳固的结合。这种特殊的烹饪方式，导致大部分菜品都很难进行烹饪完成后的装盘、造型等二次修饰。当我们在烹饪进行的初始阶段，将食材一层层地铺在碗中时，基本就奠定了这道菜品的造型。所以餐具的材质、款式、功能的挑选就显得尤为重要。

1. 餐具材质分类

陶瓷餐具的主要原料是黏土。因为其耐高温、高硬度的特点被广泛使用。随着工艺的进步，陶瓷的造型、花纹设计等也越来越丰富。我们在购买陶瓷餐具时，应选择光洁度高、无异味的餐具，而颜色过于艳丽的陶瓷，会存在重金属添加剂隐患，最好避免购买。

骨瓷是瓷器的一种，其颜色柔和光洁，瓷质细腻、透光度强，强度较陶瓷更高，重量也更轻盈一些。骨瓷在烧制过程中添加了动物骨炭，工艺更为复杂，因而价格也更为昂贵。

2. 餐具功能分类

适用于平铺造型的菜品，例如蒸肉饼、蒸茄子、蒸鱼等。

适用于汤羹、甜品或者分量较大的肉类菜品，例如银耳莲子红枣羹、竹香粉蒸肉、当归红枣蒸鸡等。

适用于小分量、造型精致的菜品，例如清蒸狮子头、椰奶鸡蛋羹等。

3. 辅助食材的介绍和搭配

荷叶　干荷叶经过浸泡之后，带有韧性，方便包裹食材和造型，比如包裹糯米，搭配一些其他的食材，做成荷叶鸡、荷叶饭等，都非常有特色。

竹筒　竹子风雅、清香解腻，非常适合搭配腊肉等浓香型的食材，浓郁的肉香混合着竹子的清香，带来极大的山野情趣。

常用的调料香料

薄荷叶　薄荷叶的出众之处在于清凉润喉的口感、独特的清香，还有极具装饰和造型能力。在蒸制的烹饪方式中，薄荷叶与海鲜类食材、清淡口味的菜品都极为搭配，不论是前期加入一起蒸制带来清爽的口感，还是成品做好后，用薄荷叶进行装饰摆盘，都非常出色。

九层塔　九层塔又称"罗勒"，原产于印度，气味芳香独特，叶子、根茎很鲜嫩，和蔬菜、肉类一起烹饪，会带来浓郁的异域风情，比如九层塔蒸鱼、九层塔蒸肉末等，也适于与辛辣食材搭配。

紫苏　紫苏是一种比较常见的香料，一般在菜场都能购买到。紫苏的香味浓郁，有很好地去腥提味的效果，常用于辛辣口味的鱼类菜品的烹饪，可开胃解腻，也可用于摆盘的装饰。

粽叶

粽叶最大的功能就是包粽子，包粽子的粽叶要先浸泡，增加其柔韧度，即便如此，还是容易撕裂，在使用的时候一定要注意力度。

大蒜

大蒜是日常烹饪常备的香料之一，颜色上可分为白皮、紫皮、红皮等，从形状上又分为独瓣蒜和八瓣蒜。生吃辛辣开胃，通过烹饪加工后的蒜蓉香辣可口，都是调味佳品。在蔬菜和肉类的烹饪中我们都大量使用大蒜，蒸鱼、河鲜时加蒜，能极大地丰富口感层次，不论是清淡还是酸辣的菜品，加入大蒜调味，口味都能自然融为一体。

香菜

香菜是常见的香料，也可以单独作为蔬菜进行烹饪。香菜的香味独特，根茎的口感脆爽。作为香料使用时，通常是切碎后撒在菜品上作为装饰和调味。

胡椒

胡椒分为白胡椒和黑胡椒两种，从口感上来说，黑胡椒更为辛辣，多用于调味去腥，而白胡椒口感和食用效果更为温和，一般用于煲汤。我们在烹饪鱼肉菜品时，加上胡椒粉能起到很好的去腥、提鲜、丰富口感的效果。

酱汁调配

蒸菜因为烹饪方式的独特性，能最大限度地保留食材的原汁原味，锁住食材的营养，减少二次加工后营养的流失。但同时因为蒸制过程中不宜翻动、不宜中途添加调味品等限制，使得酱汁的调配变得尤为重要。不管是蒸制之前的腌制，还是入锅之前的调味，直到出锅后的浇汁，都是必不可少的一个步骤。

酱汁可以是任何味道的组合，可以是酸辣的、香甜的、酸香的、椒麻的，浓油赤酱抑或酸甜香辣，可以随心所欲地根据自己的喜好和心情来调配。同样一种食材，浇上不同的酱汁，就可以变化成另一道菜。比如说排骨，蒸熟后浇上蒜香汁，就是蒜香排骨；拌上香芋蒸熟后，浇上淀粉汤汁，就是芋香排骨；淋上香辣麻椒酱，就是香辣排骨……诸如此类的小窍门，在我们融会贯通之后，会让餐桌变得更加丰富多彩。

 豆豉酱

主料

干豆豉 50 克 | 蒜蓉 15 克 | 姜末 5 克
大头葱 2 根 | 植物油 1 汤匙 | 酱油 1 茶匙
细砂糖 1 茶匙 | 米酒 20 毫升

做法

❶ 大头葱洗净，取根部，切成葱末。

❷ 锅内加入植物油烧热，倒入葱姜蒜，转小火炒香。

❸ 放入干豆豉，翻炒至豆豉的香味出来。

❹ 加入酱油、米酒，翻炒均匀。

❺ 加入小碗清水，小火煮至豆豉变软。

❻ 加入细砂糖，搅拌均匀即可。

🥄 淀粉汤汁

主料

淀粉 1 茶匙 | 高汤（市售成品鸡汤）适量
葱花少许

做法

❶ 将高汤倒入锅内烧开。

❷ 淀粉加入少许凉白开，混合均匀，制成水淀粉。

❸ 将水淀粉倒入烧开的高汤中搅拌均匀，制成浓稠的汤汁。

❹ 撒上少许葱花即可。

🥄 鲍鱼汁

主料

市售鲍鱼汁 1 罐 | 胡椒粉 1 茶匙 | 淀粉 1 茶匙
盐少许

做法

❶ 鲍鱼汁和清水按照 1：0.5 的比例调配，倒入锅中烧滚。

❷ 淀粉加入少量清水搅拌均匀，制成水淀粉备用。

❸ 烧开的鲍鱼汁根据咸淡，适当加入盐，拌匀。

❹ 将水淀粉倒入鲍鱼汁中搅拌均匀，形成黏稠的酱汁。

❺ 撒上胡椒粉调味即可。

🥄 甜醋汁

主料

香醋 3 茶匙｜细砂糖 2 茶匙｜淀粉少许

做法

❶ 锅内倒入小半碗清水烧开。

❷ 加入香醋、细砂糖搅拌均匀，烧开。

❸ 加入调好的水淀粉，搅拌均匀即可。

🥄 红酒甜醋汁

主料

红酒 20 毫升｜细砂糖 3 茶匙｜柠檬汁 2 茶匙

做法

❶ 锅内清水烧开，放入装有柠檬汁的小碗，隔水加热至温热。

❷ 热好的柠檬汁，加入细砂糖，趁热搅拌均匀至糖溶化，放凉备用。

❸ 凉好的柠檬汁，加入红酒，搅拌均匀即可。

番茄酸甜汁

主料

番茄 1 个

细砂糖 2 茶匙

番茄酱 1 汤匙

淀粉 1 茶匙

植物油 1 茶匙

做法

❶ 番茄洗净、去皮，切丁。

❷ 锅内倒入植物油烧热，加入番茄丁，小火翻炒。

❸ 加入细砂糖搅拌均匀，小火炒至番茄丁出汁。

❹ 加入番茄酱搅拌均匀，倒入温开水，没过食材少许，小火焖煮。

❺ 淀粉倒入少量清水，搅拌均匀，制成水淀粉。

❻ 将水淀粉倒入已经煮烂的番茄汤中，搅拌均匀形成酱汁即可。

🥄 蒜香汁

主料

大蒜 2 颗｜植物油 2 茶匙｜料酒 1 茶匙
生抽 1 茶匙｜盐 1/2 茶匙｜淀粉少许
鸡精少许

做法

❶ 大蒜剥皮，细细切成蒜蓉；淀粉加入少许凉白开，搅拌均匀成水淀粉。

❷ 锅内倒入植物油，大火烧热，转中火，放入蒜蓉，快速翻炒至金黄脆香。

❸ 加入盐、料酒、生抽、鸡精翻炒出香味。

❹ 沿着锅边倒入一小碗开水，烧滚。

❺ 在锅内加入调好的水淀粉，搅拌均匀，关火即可。

🥄 酸辣汁

做法

❶ 剁椒、白醋放入碗中搅拌均匀。

❷ 在碗面上均匀铺上蒜蓉，撒上芝麻。

❸ 锅内倒入植物油，烧热至冒烟。

❹ 趁热浇入碗中即可。

主料

剁椒 50 克｜白醋 10 克｜蒜蓉 10 克
植物油 1 汤匙｜芝麻 1 茶匙

芝麻花生酱

主料

市售成品芝麻花生酱 2 汤匙 | 香油 1 茶匙

做法

❶ 市售成品的芝麻花生酱，大部分非常浓稠甚至有些发硬，不适合浇汁，所以需要稀释。挖出 2 汤匙芝麻花生酱，按照 1：1 的比例对入凉白开，用力搅拌均匀。

❷ 在芝麻花生酱中加入香油，用力搅拌至完全乳化即可。

香辣麻椒酱

主料

辣椒面 20 克 | 红尖椒 10 根 | 干豆豉 10 克
蒜蓉 20 克 | 姜末 20 克 | 炒香的花生米 20 克
熟白芝麻 10 克 | 芝麻花生酱 1 汤匙 | 盐 2 茶匙
细砂糖 1 茶匙 | 白酒 1 汤匙 | 生抽 1 汤匙
植物油 2 汤匙

做法

❶ 花生米拍碎、红尖椒洗净后切碎备用。

❷ 锅内倒入植物油加热，加入蒜蓉、姜末、豆豉、红尖椒碎，小火炒香。

❸ 锅内倒入白酒、生抽、盐，翻炒均匀。

❹ 依次加入辣椒面、芝麻花生酱、细砂糖，搅拌均匀，小火焖煮至材料融合、汤汁变浓稠。

❺ 撒上花生米碎和熟白芝麻拌匀即可。

麻辣红油

主料

植物油 30 克 | 辣椒面 20 克 | 芝麻 10 克
八角 2 颗 | 桂皮 5 克 | 花椒 10 克 | 香叶 2 片
大葱 2 根 | 大蒜 1 颗 | 生姜 10 克 | 盐 1 茶匙
细砂糖 1 茶匙 | 白醋少许

做法

❶ 辣椒面、芝麻、盐、细砂糖拌匀，做成辣椒粉，放入一个干燥的碗内备用。

❷ 大葱洗净，切小段；生姜切丝；大蒜剥皮，切成薄片。

❸ 八角、桂皮、花椒洗净，沥干水分备用。

❹ 植物油倒入锅中烧热，倒入葱姜蒜、花椒、桂皮、八角、香叶，小火翻炒。

❺ 炒至香味出来、葱姜蒜焦黄，关火，捞出所有材料弃用。

❻ 舀出一勺热油，倒入辣椒粉中，迅速搅拌均匀。

❼ 锅内热油二次加热（不用滚烫，加温即可），倒入搅拌过的辣椒粉中，再次搅匀。

❽ 辣椒粉中加入 20 毫升凉白开、少许白醋，搅拌均匀即可。

❾ 静置 10 小时以上，颜色更为鲜亮，口味更地道，也可以马上使用。

🥄 香辣酱

主料

小米辣 5 根│干辣椒 5 根│蒜蓉 20 克
葱末 10 克│姜末 10 克│料酒 1 茶匙│盐 1 茶匙
生抽 1 茶匙│植物油 1 汤匙│葱花少许

做法

❶ 小米辣洗净后切碎、
干辣椒剪成碎块。

❷ 锅内倒入植物油烧
热，倒入葱姜蒜、辣椒
炒香。

❸ 加入盐、生抽、料酒，
翻炒均匀，小火煮到
收汁。

❹ 撒上葱花即可。

热油浇汁

主料

植物油适量（根据食材分量酌情调整用量）

做法

将植物油倒至锅内，大火
烧至冒烟的热度，趁热浇
在备好的食材表面，利用
高温能量瞬间接触食材，
获得视觉上的热油沸腾效
果，以及食材接触高温瞬
间产生的焦香口感和喷鼻
香味。

速成剁椒酱

主料

红尖椒 5 根
蒜蓉 20 克
生姜 20 克
盐 1 茶匙
植物油 2 汤匙
白醋 1 汤匙
香油少许

做法

❶ 红尖椒洗净后，擦干水，切成碎末（戴手套，防止辣手）。

❷ 生姜削皮，切成小丁。

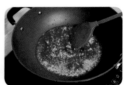

❸ 锅内倒入植物油烧热，倒入辣椒末、蒜蓉、姜丁，转小火翻炒。

❹ 翻炒至辣椒半熟，加入盐、白醋，翻炒均匀，小火炒至全熟。

❺ 将炒好的辣椒盛入碗中，放凉。

❻ 滴入少许香油，搅拌均匀即可。

🥄 腐乳酱

主料

红腐乳 50 克 | 蒜蓉 20 克 | 米酒 2 茶匙
姜末 1 茶匙 | 橄榄油 1 茶匙

做法

❶ 将腐乳放入碗中，倒入米酒，搅拌均匀。

❷ 加入蒜蓉、姜末拌匀。

❸ 倒入橄榄油，用力搅拌至乳化均匀的状态即可。

🥄 梅干菜肉酱

主料

梅干菜 50 克 | 猪肉糜 80 克 | 冰糖 10 克 | 蒜蓉 10 克
姜末 10 克 | 植物油 1 汤匙 | 酱油 1 茶匙 | 料酒 1 茶匙

做法

❶ 梅干菜洗净、沥干水分，切成碎末。

❷ 锅中倒入植物油烧热，倒入蒜蓉、姜末，小火炒香。

❸ 倒入猪肉糜炒至变色，加入酱油、料酒，翻炒均匀。

❹ 倒入梅干菜末，中火炒香。

❺ 倒入清水，以没过锅中食材为准，加入冰糖，小火焖煮。

❻ 煮 30 分钟左右，至汤汁浓稠收干即可。

如何蒸鱼

海鲜鱼虾因其肉质的鲜嫩和汤汁的甜美，最适合使用蒸制的方式，可令你品尝到食材的原汁原味。海鲜鱼虾的种类繁多，因此在蒸菜中占有非常重要的分量。

我们以蒸制一条鲈鱼为例，从购买到摆上餐桌，详细分解每一个步骤。只要你掌握了基本的蒸制窍门，便可以举一反三，用同样的方法蒸制其他鱼类、甚至是虾类、贝类，从而丰富你的餐桌。

购买 1 条约 700 克的鲈鱼，让商家帮忙杀鱼、去鳞片等粗加工。

适合蒸制的整条鱼以 500 ～ 1000 克为宜，过小无肉，过大不容易蒸熟，如果是切段的鱼肉、鱼片，则根据需求调整用量。

常见的海鲜有海鲈鱼、黄花鱼、多宝鱼、鱿鱼等，范围可以延伸至新鲜的虾蟹类和贝类，比如基围虾、花甲、蛤蜊、海蟹等，通常用蒜蓉、甜醋汁、淀粉糖汁之类较为清淡的酱料进行调配。河鱼则以鱼头、半加工好的鱼干为主，多采用剁椒、麻辣红油、豆豉等香料较多、口味较重的调料。

鲈鱼洗净后，在鱼身的两面各划上两道刀口。

鱼肚内的内脏去除不要（鱼子可以留下），血水、鱼鳃都要去除干净。将鱼摆在案板上，根据鱼的大小，在鱼身两面用刀各划上两三刀平行的刀口，刀口划破鱼皮即可，不需要太深，目的是避免在高温蒸制过程中，鱼皮破裂涨开影响美观，如果划得太深入骨，蒸制后的鱼肉容易散开。

如果是河鱼，鱼肉较紧，可以划十字交叉的刀花，刀口也可以比海鱼更深一些。

生姜一半切大片，一半切姜丝；细香葱的葱白切小段，其余切成葱花。

河鲜鱼虾无可避免地带有腥气，最好的办法便是用生姜、葱白去腥，因此在所有包含鱼虾食材的菜品中，我们都会看到生姜的使用。葱白一样有去腥提鲜的效果，而葱的绿色部分则切成葱花，在摆盘时起到装饰的作用。

取一个椭圆形的餐盘，或者是鱼形盘，盘底垫上两片姜片，将鲈鱼摆在盘中，鱼肚中放入 1 片姜片和两段葱白，鱼上面再摆上姜片和葱白。

在蒸一条完整造型的鱼鲜时，我们选择长方形、椭圆形或者是鱼形的餐盘。颜色选择纯白色为佳，这样可以凸显摆盘时主材的存在感，而且色彩上显得简洁高雅。而在蒸虾类、贝类或者是切段的鱼类（比如龙利鱼柳、巴沙鱼、带鱼、鳗鱼等）时，则可采用普通的圆形餐盘。

锅内水烧开，架上不锈钢蒸盘，将餐盘摆在蒸盘上，盖上锅盖，大火蒸 20 分钟。

蒸鱼都是等水开后再上锅蒸，一般蒸 15~20 分钟即可。不确定时可将筷子插入鱼肉，能直接插到底，就代表熟透了。如果中间遇到阻碍，则是时间不够。避免蒸的时间过久，否则鱼肉容易散开、老化。

将盘中的姜片、葱段、汤汁弃用，撒上葱花和姜丝。

这一步很重要，因为是快速蒸制，鱼汁不像熬了很久的鱼汤那么有营养，而且会包含鱼腥气，所以这一步的鱼汤必须弃用，重新浇汁。

生抽和凉白开按照 1∶1 的比例对好，均匀淋在鱼上。

这是最为简单的清蒸酱汁调配方法，可最大限度地保留鱼肉的原汁原味。如果喜欢其他口味，也可以搭配其他不同味道的酱汁。一般海鲜适合搭配清淡口味或者酸甜口味的酱汁，而河鲜适合麻辣鲜香的重口味酱汁。

锅内倒入植物油，加热至冒烟的滚烫状态，趁热浇在鱼上即可。

大部分的蒸鱼菜式都可以用到浇油这一步骤，鱼肉瞬间接触高温产生的香气，对菜品的口感有很大地提升。

Chapter

1

蔬菜篇

意想不到的美味
老干妈蒸茄子

时间
30 分钟

难度
低

 麻麻辣辣又香香的，还有一点回甘，
适合所用人食用，尤其下饭最好。

主料　茄子2个
辅料　老干妈辣酱1汤匙｜香油1茶匙
　　　白糖1茶匙｜花椒10颗｜盐2克
　　　青线椒1个｜红线椒1个｜大蒜2瓣
　　　生抽1茶匙｜小葱2根

营养贴士

茄子富含多种生物碱，有很好的抑菌作用，而且茄子的维生素P含量很高，经常食用能增强血管弹性。

做法

准备

1 花椒放在干锅中，用小火炒香，晾在一个干净的盘子中，避免接触水分。

2 花椒凉凉后，趁着脆性，用蒜臼捣成细末，这样做出来的花椒粉才够香、够麻。

3 选择长条形的紫皮茄子，去蒂清洗干净备用；大蒜去皮切成细末。

调汁

4 青线椒、红线椒去蒂洗净，切成细末，放在一个小碗中，放入盐腌制。

5 将花椒粉、大蒜、生抽、香油、白糖放进青、红线椒中搅拌均匀。

切备

6 小葱洗净，切成葱花；将茄子切成6厘米长的段，从中间一分为二，再每半个茄子切成均等的四瓣，呈长条形。

蒸制

7 将茄条整齐摆放在盘子中，老干妈辣酱均匀地铺在茄子上，入蒸锅蒸5分钟。

8 茄子出锅后浇上对好的调料，撒上葱花即可。

烹饪秘籍

紫色的茄子皮含丰富的花青素，所以最好带皮一起食用；茄子切好后立即上锅蒸，就不会变色，所以要临上锅时才切茄子。

开胃解腻
蒜蓉麻酱蒸茄子

时间	难度
35分钟	低

主料	长茄子 1 个
辅料	芝麻酱 35 克｜大蒜 5 瓣｜生抽 2 茶匙
	白糖 2 克｜蚝油 2 茶匙｜米醋 2 茶匙
	香葱 1 根｜盐适量

做法

准备

1 长茄子去蒂洗净，切成厚约2毫米的圆片，摆入深盘中。

2 香葱洗净，切碎；大蒜去皮，压成蓉。

蒸制

3 蒸锅中加适量清水烧开，在蒸屉上放入长茄子片，盖好锅盖，上汽后蒸15分钟。

调味

4 芝麻酱中加入蒜蓉、生抽、白糖、蚝油、米醋、适量盐、少许纯净水，搅拌均匀成蒜蓉芝麻酱汁。

5 在蒸好的茄子片上均匀地淋入蒜蓉芝麻酱汁。

6 最后撒上香葱碎拌匀即可。

一道非常受欢迎的菜，简单快手，绵软多汁，蒸的时间要足够，但不能过火，这样口感才刚刚好。

烹饪秘籍

在调蒜蓉芝麻酱汁时，分多次添加少许纯净水，边加边搅拌，调至能轻松倒出的浓稠度即可。

主料　长茄子 2 个

辅料　大蒜 4 瓣｜姜少许｜辣椒油 1 茶匙
白糖、盐各 2 克｜鸡精、花椒粉各 1 克
醋 1 茶匙｜生抽 1 茶匙

挑逗你的味蕾
手撕茄子

时间
20 分钟

难度
低

做法

蒸制

茄子洗净后，整条放
入锅内蒸熟。

1

摆盘

蒜、姜剁成碎末备用。

2

把蒸好的茄子凉凉后
撕成条。

3

然后在茄条上加入姜
末、蒜末。

4

调味

另取一个小碗，放入
剩余所有的调料做成
调味汁。

5

将调味汁倒在茄子上
拌匀即可。

6

平淡无奇的食材，简单朴素的
烹制方法，却会幻化出令人啧
啧称奇的好滋味。这道小菜蒜香扑鼻、鲜
嫩爽口，适合配粥食用。

烹饪秘籍

蒸茄子的时间根据茄子大小掌握。

裹不住的生机盎然
豆皮菠菜卷

时间
40 分钟

难度
中

主料　豆皮 100 克│菠菜 200 克
辅料　盐 1/2 茶匙│鸡精 1/2 茶匙
　　　香油 1 茶匙│薄盐生抽 1 茶匙

做法

准备

1 豆皮用温水浸泡10分钟左右，变软即可。

2 菠菜洗净，切去根部，入滚水焯熟，切丝。

3 菠菜撒上盐、鸡精拌匀。

蒸制

4 将拌好的菠菜裹入豆皮中卷紧，上大火蒸8分钟。

摆盘

5 取出后用刀切成小卷摆盘。

6 将香油、薄盐生抽搅拌均匀，淋在盘上即可。

豆皮浓郁的豆香、香韧的口感，菠菜翠绿讨喜的颜色、爽脆的口感，都是很有辨识度的食材。用少量的调味品进行调味后，就可以品尝食材本身的美味了。

烹饪秘籍

卷腐皮的时候，应避免用力过猛，否则会导致腐皮断裂。

主料　鸡蛋豆腐干 100 克｜杏鲍菇 200 克
辅料　盐 1/2 茶匙｜红椒丝 20 克
　　　生抽 1 汤匙｜蒜蓉 10 克
　　　植物油 1 汤匙｜葱花少许

鸡蛋还可以这样吃
豆干杏鲍菇

时间
30 分钟

难度
中

做法

准备

鸡蛋豆腐干洗净后切大片、杏鲍菇洗净后切大片。 1

将鸡蛋豆腐干和杏鲍菇交叉平铺在盘中，均匀撒上盐。 2

蒸制

蒸锅内水烧开后，摆上菜盘，大火蒸15分钟。 3

调味

取出菜盘，撒上红椒丝、均匀淋上生抽。 4

另取一口锅，倒入植物油烧热，放入蒜蓉、盐炒香，趁热浇在菜盘上。 5

撒上葱花即可。 6

用鸡蛋液浓缩制成的鸡蛋豆腐干，集合了鸡蛋的营养和豆干脆嫩弹牙的优点，和鲜美清脆的杏鲍菇搭配蒸制，口感层次丰富，回味无穷。

烹饪秘籍

鸡蛋豆腐干也可以用其他豆干代替。

促进肠胃蠕动的开胃菜
蚝油金针菇蒸豆腐

时间 30 分钟

难度 中

烹饪秘籍

不要买太嫩的豆腐，比如内酯豆腐之类的，不容易造型。

主料 金针菇 200 克 | 嫩豆腐 250 克
辅料 蒜蓉 10 克 | 小米辣 2 个
蚝油 1 汤匙 | 葱花少许

做法

准备

1 金针菇洗净后切去根部，整齐摆放在盘中。

2 嫩豆腐切成长方片，整齐码在金针菇中段。

蒸制

3 小米辣切成碎末，和蒜蓉、蚝油一起淋撒在摆好的盘中。

4 上蒸锅，大火蒸15分钟左右。撒上葱花即可。

蘑菇吃出了大海的味道
蟹味菇拌火腿

时间 30 分钟

难度 低

主料 蟹味菇 300 克 | 金华火腿 30 克
辅料 盐 1/2 茶匙 | 葱花少许

做法

准备

1 蟹味菇洗净、金华火腿洗净后切碎。

2 蟹味菇撒上盐，拌匀，撒上火腿末。

蒸制

3 蒸锅内水烧开，大火蒸15分钟左右，至火腿的香味散发出来。

4 在蒸好的蟹味菇上撒上葱花即可。

烹饪秘籍

金华火腿也可以用猪肉糜、牛肉糜来代替。

主料　平菇 200 克｜浓鸡汤 200 毫升
辅料　姜丝少许｜盐 1/2 茶匙｜水淀粉适量

鸡汁蒸平菇

⏱ 时间
15 分钟

🌶 难度
低

做法

准备

将平菇洗净，撕成大块，控干水分。　1

将平菇放入碗中，加入浓鸡汤、姜丝和盐。　2

蒸制

将蒸锅中的水烧沸，待蒸锅上汽，上蒸锅蒸 10 分钟。　3

调味

将平菇取出装盘。　4

将碗底的鸡汁放入小锅中煮滚，加入水淀粉勾芡。　5

将熬好的鸡汁淋在平菇上即可。　6

烹饪秘籍

用香菇、茶树菇代替平菇亦可。

平菇是极为鲜美的菌菇，在咸香的鸡汁的包裹下，绝妙的滋味在舌尖荡漾开来。

极简蒸时蔬
蘑菇蒸菜心

时间
15分钟

难度
低

主料　菜心 200 克｜蘑菇 6 朵
辅料　蒸鱼豉油 2 茶匙｜蒜片少许
　　　植物油 1/2 汤匙

做法

准备

1　将菜心处理干净，切成长段，铺在盘底。

2　蘑菇洗净，切成厚片，铺在菜心上。

蒸制

3　将蒸锅中的水烧沸，待蒸锅上汽，放入蒸锅中大火蒸5分钟，取出。

调味

4　将小锅烧热，倒入植物油，放入蒜片炸至金黄色。

5　加入蒸鱼豉油、少许蒸菜心盘中的汤汁，煮开成酱汁。

6　将熬好的酱汁淋在蘑菇蒸菜心上即可。

简单健康的蒸蔬菜，是令人怀念的家常味道。这道菜里，多了一分蘑菇的鲜，添了一味炸蒜的香，更令人难忘。

烹饪秘籍

可以用芥蓝等蔬菜替换菜心。

主料　茼蒿 300 克
辅料　面粉 100 克｜蒜蓉 20 克
　　　香油 1 汤匙｜盐 1 茶匙｜黑芝麻 1 茶匙

做法

准备

1　茼蒿洗净，去除老的部分，切成大段，晾干水分。

2　面粉和盐搅拌均匀，撒在茼蒿上，用手拌匀（保证每根茼蒿均匀裹上面粉）。

蒸制

3　将拌好的茼蒿放入笼屉中，上大火蒸5分钟左右。

4　蒜蓉、香油、黑芝麻搅拌均匀调成酱汁，淋在蒸好的茼蒿上即可（也可以在吃的时候蘸酱汁）。

⏱ 时间 20 分钟

💧 难度 低

让蔬菜更有嚼劲
面粉蒸茼蒿

烹饪秘籍

可以根据自己的喜好，在酱汁里加上一些辣椒粉、花生碎等。

主料　青椒 200 克
辅料　豆豉 10 克｜盐 1/2 茶匙
　　　生抽 1 汤匙｜植物油 1 茶匙

做法

准备

1　青椒洗净、去蒂，对半切开，去子。也可以切成段。

蒸制

2　将青椒均匀抹上盐，铺在盘中。

3　撒上豆豉，淋上生抽、植物油。

4　蒸锅内清水烧开，将青椒大火蒸15分钟即可。

⏱ 时间 25 分钟

💧 难度 低

香辣下饭的素菜
豆豉蒸青椒

烹饪秘籍

① 购买新鲜的、略微带点辣的本地青椒。青椒去子，会减少辣的程度，可根据个人的口味选择。

就爱这股子"臭"
剁椒臭豆腐

时间
10分钟

难度
低

主料　臭豆腐 8 块｜剁椒 50 克
辅料　姜 5 克｜大蒜 2 瓣｜香葱 2 根｜食用油适量

臭豆腐的"臭"名远扬已经不是一天两天的事儿了，可还是止不住大伙儿对它的极度追捧。原本只是一介小吃的它，现在居然也能堂而皇之地上餐桌了，没办法，谁让它的后援团如此强大呢！

做法

准备 ➡ **装盘**

1　臭豆腐洗净沥干多余水分备用。

2　大蒜剥皮洗净切蒜末；姜去皮切姜丝；香葱洗净切小段。

3　臭豆腐一块一块地平铺在盘中。

4　将姜丝均匀地放在臭豆腐上。

5　然后将蒜末均匀地撒在姜丝上面，再将剁椒铺在蒜末上。

6　最后在所有食材上均匀地淋上适量食用油。

蒸制 ⬅

7　将准备好的臭豆腐盘入冷水蒸锅中，大火蒸8分钟。

8　在出锅前撒上香葱段即可。

烹饪秘籍

臭豆腐和剁椒本身都有咸味，所以不需要再加盐或者酱油，只要放些葱姜蒜提鲜即可。

软糯好滋味

剁椒蒸芋头

时间
30分钟

难度
低

主料　芋头 500 克
辅料　新鲜红线椒 5 个｜盐 3 克｜生抽 1 茶匙
　　　橄榄油 1 茶匙｜生姜 1 小块｜大蒜 2 瓣
　　　小葱 2 根｜白醋 1 汤匙｜鸡精 2 克

 芋头有它独特的软糯口感，无味而衬百味，试试搭配剁椒这种新口味吧！

做法

浸泡 —1

将白醋倒在一盆清水中，搅拌均匀，形成淡醋水备用。

—2

将芋头的泥污洗净，削皮后放在对好的醋水中浸泡一会儿。

准备 —3

生姜洗净切成细末；大蒜去皮切成细末；小葱洗净，切成葱花。

—4

新鲜红线椒去蒂洗净，先切成细丝，再把细丝切成颗粒后剁碎。

—5

在一个合适的大碗中放入剁好的辣椒、大蒜、生姜、生抽、盐调匀。

蒸制 —6

蒸锅中倒水用大火烧开，将拌好的调料放在蒸屉上蒸制5分钟。

—7

从醋水中捞出芋头冲洗干净，切成滚刀块，整齐地摆放在盘子中，抹上蒸好的调料。

—8

再入蒸锅蒸制15分钟，出锅后加入鸡精、撒上葱花、浇点橄榄油即可。

烹饪秘籍

给芋头削皮时容易过敏，可以在手上抹一些白醋起到防护作用，用白醋水浸泡芋头也是为了起到这个作用，同时能防止芋头氧化变黑。

清清淡淡的口味
肉末蒸冬瓜

时间
20 分钟

难度
中

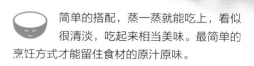
简单的搭配，蒸一蒸就能吃上，看似
很清淡，吃起来相当美味。最简单的
烹饪方式才能留住食材的原汁原味。

主料　冬瓜 300 克｜猪肉末 50 克
辅料　香葱 2 根｜生抽 1/2 汤匙｜盐 2 克
　　　　蒸鱼豉油 1/2 汤匙｜香油少许

做法

准备

摆盘

1　香葱洗净，将葱白和葱叶分开，分别切碎。

4　切好的冬瓜片叠加摆放在盘中。

2　猪肉末中放入葱白碎、生抽和盐，搅匀，腌几分钟。

5　将猪肉馅均匀铺在冬瓜片上。

3　冬瓜洗净，去皮、去瓤，切成约5毫米厚的片。

蒸制

6　放入烧开水的蒸锅中，大火蒸10分钟。

调味

7　取出，淋上蒸鱼豉油及少许香油。

8　撒上香葱碎装饰，即可享用。

烹饪秘籍

① 放点蒸鱼豉油可提味提鲜，没有可不放。
② 蒸的具体时间可根据冬瓜片的厚度自行调整。

炎炎夏日就吃它
冬瓜火腿片

时间
30 分钟

难度
中

主料　冬瓜 500 克 | 金华火腿 50 克
辅料　蒜蓉 5 克 | 葱花少许

做法

准备

1　冬瓜去瓤、削皮、洗净，切成薄方片。

2　金华火腿切成末。

装盘

3　冬瓜片铺在碟中，最上层放上火腿末。

4　再撒上蒜蓉，用保鲜膜将碟子封住。

蒸制

5　蒸锅内水烧开后，上大火蒸15分钟左右，至火腿香味散发开来。

6　蒸好的冬瓜上撒上葱花即可。

烹饪秘籍

① 火腿本身带有咸味，因此不需要再加盐。

② 喜欢吃辣的可以在第4步骤加上少许干辣椒末。

这道菜口味清淡、鲜美。冬瓜厚实细嫩的肉质吸收了火腿的咸香，变得格外鲜甜，是夏天里一道清爽开胃的好菜。

主料　娃娃菜 300 克
辅料　无盐鸡汤 100 毫升｜干贝 10 克
　　　金华火腿 10 克｜生抽 1 茶匙
　　　白胡椒粉少许｜葱花少许

把寻常蔬菜做出精致口感
上汤娃娃菜

时间
20 分钟

难度
中

做法

准备

干贝提前用温水浸泡
1小时，洗净。
1

金华火腿洗净后切成
细末。
2

将娃娃菜每一棵对半
切成4块、洗净后摆
在盘中。
3

把干贝、金华火腿撒
在娃娃菜上，淋上
鸡汤。
4

蒸制

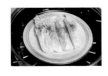
蒸锅内水开后，大
火蒸10分钟，至干
贝、火腿的香气散发
开来。
5

在蒸好的娃娃菜上
均匀淋上生抽、撒
上白胡椒粉和葱花
即可。
6

烹饪秘籍

① 干贝、瑶柱、虾米都是提鲜的干货食材，
可以根据个人喜好添加。
② 鸡汤可用市售成品鸡汤代替，如果是含有
盐分的鸡汤，则不要在烹饪过程中再加盐。

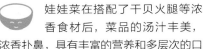
娃娃菜在搭配了干贝火腿等浓
香食材后，菜品的汤汁丰美，
浓香扑鼻，具有丰富的营养和多层次的口
感，普通的食材瞬间变得不平凡。

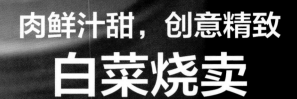

肉鲜汁甜，创意精致

白菜烧卖

时间
50 分钟

难度
低

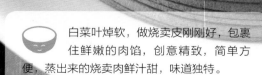

白菜叶焯软，做烧卖皮刚刚好，包裹住鲜嫩的肉馅，创意精致，简单方便，蒸出来的烧卖肉鲜汁甜，味道独特。

主料　大白菜叶 250 克｜猪肉糜 200 克
辅料　鸡蛋 1 个｜五香粉 2 克｜香油 1 茶匙
　　　淀粉 1 茶匙｜生抽 2 汤匙｜料酒 2 汤匙
　　　盐适量｜香葱若干

做法

准备 —1

将鸡蛋打入猪肉糜中，加五香粉、香油、淀粉、生抽、料酒、适量盐混合，搅拌均匀至上劲。

2

大白菜叶的绿色与白色部分分离，绿色叶做烧卖皮，白色菜帮切碎，放入肉馅中拌匀成馅料。

焯烫 —3

绿色菜叶放入开水中，加少许盐，焯烫40秒，捞出沥干水分。

4

香葱去根，洗净，同放入开水中焯烫片刻捞出，沥干水分。

蒸制 —5

每片焯过的白菜叶上放入适量馅料，包成烧卖的形状，在收口处绕一根香葱扎好。

6

将扎好的白菜烧卖放入蒸锅中，待上汽后蒸10分钟即可。

烹饪秘籍

① 选叶子较大的白菜，绿色叶子部分做烧卖皮。

② 也可以调一些可口的料汁，将白菜烧卖佐着料汁吃更有味。

③ 馅料中可随意放多种蔬菜，增加营养。

电脑族的护眼快手菜
粉蒸胡萝卜丝

时间
30 分钟

难度
中

主料　胡萝卜 1 根（约 200 克）
辅料　面粉 100 克｜盐 1/2 茶匙
　　　植物油 2 汤匙｜蒜蓉 5 克
　　　干辣椒 5 克｜花椒粒 5 克｜葱花少许

做法

准备

1　胡萝卜洗净后切成
细丝、干辣椒切成
细丝。

2　将盐拌入胡萝卜丝
中，拌匀。腌制10
分钟，沥干水分。

3　将面粉倒入胡萝卜丝
中，双手搓匀，保证
胡萝卜丝均匀裹上
面粉。

蒸制

4　蒸笼内铺上屉布，放
入胡萝卜丝，上大火
蒸4分钟左右。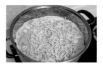

调味

5　胡萝卜丝上撒上干辣
椒丝、蒜蓉和葱花。

6　另取一口锅，倒入植
物油烧热，放入花椒
粒翻炒，趁热浇到胡
萝卜上，吃时拌匀。

烹饪秘籍

腌制过的胡萝卜丝尽量挤
干水分，这样吃起来更有韧劲。

烹饪的过程简单快速，一道菜
可以满足你对主食和蔬菜的双
重需求。根据自己的喜好，搭配不同的酱
汁，可以获得不同的口感，比如酸甜、香
辣，尽可灵活掌握。

主料　香芋 400 克
辅料　细砂糖 25 克｜淡奶油 25 毫升

甜香软糯糯
焦糖蒸香芋

时间
15 分钟

难度
中

做法

准备

在小锅中放入细砂糖和10毫升冷水，小火煮开（不要搅拌）。 1

待颜色呈现焦糖色，加入淡奶油搅拌，离火，使之冷却，即成焦糖奶油酱。 2

蒸制

将香芋削皮，洗净，切成1厘米的厚片，铺在盘底。 3

将蒸锅中的水烧沸，待蒸锅上汽，将香芋放入蒸锅中大火蒸15分钟，取出。 4

装盘调味

淋上焦糖奶油酱即可。 5

烹饪秘籍

如果不使用奶油，可以用等量的热水代替。

香芋本就是美味的甜点食材，简单地蒸熟，粉粉糯糯，淋上焦糖奶油酱，便是一道自然风味的朴素甜点。

滋阴润肺的养颜甜品
木瓜蒸百合

时间
45 分钟

难度
中

主料　木瓜 1 个 | 新鲜百合 2 头
辅料　枸杞子 5 克 | 蜂蜜 1 汤匙

做法

准备

1 木瓜洗净、底部切掉薄薄一层，方便蒸的时候木瓜可以摆稳。

2 从木瓜上部1/3处切开，切出来一个盖子。掏空内瓤，洗净。

3 新鲜百合洗净、掰开，放入木瓜中，盖上木瓜盖子。

蒸制

4 蒸锅内水烧开，将木瓜放入盘中，用中火蒸25分钟左右。

调味

5 取出木瓜，打开木瓜盖子，浇上蜂蜜。

6 撒上枸杞子即可。

主料　铁棍山药 300 克｜金华火腿 50 克
辅料　蜂蜜 10 克

做法

准备

1　山药洗净削皮，和金华火腿切成同等大小的长方形片状。

2　山药片上盖一片火腿片，如此交叉摆在盘中，用保鲜膜将盘子封住。

蒸制

3　蒸锅内水烧开，放上山药火腿，大火蒸20分钟。

4　取出淋上蜂蜜即可。蜂蜜能让山药的粉糯口感更丰富，也可以选择不加。

⏱ 时间 40 分钟

🔥 难度 中

造型精美的粗粮
山药火腿叠片

烹饪秘籍

① 火腿的鲜香能极大提升山药的口感。
② 火腿本身带有咸味，因此不用再放盐。

主料　山药 1 根（约 300 克）
辅料　糖桂花 1 汤匙｜白醋 1 汤匙

做法

准备

1　将山药削皮、洗净，切成长条。

2　将山药放入大碗中，加入白醋和适量清水，浸泡片刻。

蒸制

3　将蒸锅中的水烧沸，待蒸锅上汽，将山药控干水分放入盘中，上笼蒸10分钟，取出。

4　将山药装盘，淋上糖桂花即可。冷食热食均可。

烹饪秘籍

可以在顶部放上少许枸杞子作为点缀，视觉效果更好。

⏱ 时间 15 分钟

🔥 难度 低

桂子月中落，天香云外飘
桂花蒸山药

感受江南水乡的芬芳甜蜜
红糖糯米藕

时间
90分钟

难度
高

 这是一道江南水乡的传统名菜。莲藕香甜清脆，糯米吸收了莲藕的清香，软糯多汁。

主料　莲藕 1 节（约 500 克）
　　　糯米 1 小碗（约 80 克）
辅料　红糖 50 克

做法

准备

1　糯米洗净后，用清水浸泡2小时。

2　莲藕削皮后洗净，一端切开（留出一个藕盖）。

制作

3　将糯米用筷子塞入藕洞，注意塞实。

4　将之前切下来的藕盖与糯米藕段合拢，用牙签固定住。

蒸制

5　取一个大碗，放入糯米藕，加入清水、红糖，没过莲藕，中小火蒸50分钟左右。

6　煮到莲藕熟透，用筷子能扎进去即可关火，汤汁备用。

调味

7　捞出莲藕，放凉至手能感觉到余温，切片装盘。

8　将备用的汤汁继续熬煮至蜜糖状，浇到莲藕上。

烹饪秘籍

选购莲藕时，要选择藕节肥大粗短、表面鲜嫩的，不要选择藕节部分破损的，否则藕洞中会有很多污泥，很难清洗。

红玉软香

枣泥糯米藕

时间 120 分钟　　难度 低

主料 莲藕（大）1节 | 糯米 50 克
辅料 枣泥 40 克 | 红糖 50 克

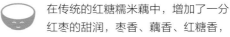 在传统的红糖糯米藕中，增加了一分红枣的甜润，枣香、藕香、红糖香，色泽红亮、芳香甜糯。

做法

准备 ────────────────→ **浸泡**

1 将糯米浸泡2小时以上，控干水分。

2 莲藕削皮、洗净，在一端切开。

3 将糯米和30克枣泥混合，塞入藕孔中，用筷子压一下，使之没有空隙（不能太紧，容易蒸裂）。

4 将莲藕放入锅中，加入红糖和没过莲藕的清水，浸泡1小时入味，再捞出盛入碗中。

调味 ←──────────────── **蒸制**

7 将浸泡过莲藕的红糖汁放入小锅中，加入10克枣泥，熬煮至浓稠。

8 将熬好的枣泥红糖汁淋在莲藕上即可。

5 将蒸锅中的水烧沸，待蒸锅上汽，放入莲藕，大火蒸50分钟左右。关火，静置至放凉。

6 将蒸好的莲藕切片。

烹饪秘籍

可以用高压锅代替蒸锅，用高压锅中火煮30分钟左右即可。

哺乳期的甜品皇后
牛奶木瓜

时间
30 分钟

难度
低

主料　木瓜 1 个（约 500 克）｜牛奶 500 毫升
辅料　冰糖 8 粒

做法

准备

1 木瓜去皮、去子，洗净，切
成约 1 厘米见方的小块。

2 木瓜块分别放入 2 个小炖盅
内，再放入冰糖。冰糖用量
可依自己的口味酌情添减。

蒸炖

3 炖盅盖上盖子，放烧开水的
锅中蒸 15 分钟。

4 取出倒入牛奶，再入锅中蒸
5 分钟即可。

烹饪秘籍

① 若没有炖盅，可用深一点的碗代替。
② 牛奶蒸热即可，蒸太久会流失营养。

秋意盎然
百合蜜枣南瓜条

时间
30 分钟

难度
中

主料　南瓜 500 克｜新鲜百合 1 头｜蜜枣 5 颗

做法

准备

1 南瓜去皮、去瓤，洗净，切
成粗条，摆入盘中。

2 新鲜百合洗净、掰成片，摆
在南瓜上。

装盘

3 蜜枣洗净后摆在南瓜上。

蒸制

4 蒸锅内水烧开，小火蒸南瓜
15 分钟左右，至南瓜软绵
即可。

烹饪秘籍

青皮老南瓜的口感更为粉糯，含糖量更
高。南瓜和蜜枣本身带有甜味，所以不
用放糖也能品尝到食材本身的香甜。

Chapter

2

肉蛋篇

寓意团圆美好
糯米珍珠丸子

⏱ 时间
50 分钟

🍳 难度
中

主料　猪瘦肉 250 克｜糯米 100 克
　　　鸡蛋 1 个
辅料　蒜蓉 1 茶匙｜姜末 1 茶匙
　　　盐 1 茶匙｜香油 1 茶匙｜葱花少许

做法

准备

1 糯米提前一晚上用清水浸泡，或提前5小时浸泡，泡好的糯米沥干水分。

2 猪肉剁成肉糜，打入鸡蛋，拌上蒜蓉、姜末、盐、香油，往一个方向用力搅拌均匀，静置备用。

3 拌好的肉馅捏成小球，放入糯米碗里打滚，均匀裹上糯米。

装盘

4 糯米球摆入盘中，每个之间有所间隔，不能挨得太紧密，以免糯米蒸熟后膨胀，黏在一起。

蒸制

5 蒸锅内水烧开，放入菜盘，盖上锅盖，大火蒸25分钟左右，至糯米晶莹剔透，香气四溢。

6 在蒸好的珍珠丸子上撒上葱花装饰即可。

🍚 糯米丸子寓意团圆美好，包含着人们对生活的一种美好祝福。糯米吸收了肉丸的汤汁后，鲜甜可口、富有嚼劲，而且摆盘美观，一口一个，吃起来也很方便。

烹饪秘籍

① 糯米的形状分为长形和圆形，珍珠丸子适合采用长形的糯米，黏性更强。圆形的糯米更适合包粽子或者是做汤圆之类的。

② 猪瘦肉可以略带一点肥肉，购买普通猪肉就可以，稍微带些油脂，能让糯米丸子蒸出来更香。

主料　紫皮茄子 1 个（约 500 克）
　　　猪肉糜 100 克｜鸡蛋 1 个
辅料　生抽 1 茶匙｜盐 1/2 茶匙
　　　黑胡椒粉 1/2 茶匙｜葱花少许

营养丰富，鲜香美味
芙蓉茄盒

时间
40 分钟

难度
中

做法

准备

1　茄子洗净后去掉蒂部，削皮，切成 4 厘米厚的圆段。

2　猪肉糜加盐、黑胡椒粉、一半生抽、一半葱花，搅拌均匀，调成馅料。

3　茄段对半切一刀，保留部分连接。将调好的馅料塞进茄子夹缝当中。

调味

4　鸡蛋打散，加入 1：1 比例的清水，搅拌均匀，倒入茄盘。

蒸制

5　将夹好肉馅的茄盒在蛋液中均匀打滚，整齐摆好，放入蒸锅内，大火蒸 15 分钟左右。

6　蒸好的茄子沥干盘中多余的水分，撒上剩下的葱花并淋上剩余的生抽即可。

　　芙蓉茄盒的摆盘美观，食材中的蛋液金黄，所以命名为"芙蓉"，分为油炸和清蒸两种做法。采用蒸制的方式，做法简单、少油烟，从健康角度来说，更为适宜。

烹饪秘籍

① 猪肉糜馅料在塞满茄盒后，如果有剩下的，可以和鸡蛋液搅拌均匀后蒸食。
② 馅料的调配可以根据个人的喜好增减调味品，比如五香粉、辣椒粉之类。

豆香浓郁的高颜值菜品
千张肉卷

时间
60 分钟

难度
高

千张是豆制品的一种，口感柔韧，裹紧调配好的猪肉馅一起蒸制，清香鲜嫩。切成卷儿摆盘，黄皮红馅，层层交叠，非常好看。

主料 千张 1 大张｜猪瘦肉 100 克｜西蓝花 50 克
辅料 盐 1 茶匙｜料酒 1 茶匙｜姜末 1 茶匙
黑胡椒粉 1 茶匙｜五香粉少许｜葱花少许

做法

准备 —1

千张洗净，沥干水分
备用。

—2

西蓝花洗净后，掰成小
块，焯熟备用。

制作 —3

猪瘦肉剁成肉糜，拌上
盐、料酒、姜末、黑胡
椒粉、五香粉、葱花，
用力搅拌均匀。

—4

将拌好的馅料均匀地、
薄薄地铺在千张上。

—5

千张从一端卷起，略微
卷紧一些，不能太松散
但也不能太紧，注意
力道。

蒸制装盘 —6

蒸锅内水烧开，将千张
肉卷上中火蒸30分钟。

—7

将蒸好的千张卷切成2
厘米左右厚度的小段。

—8

盘中央摆好焯熟的西蓝
花，周围一圈摆上切好
的千张肉卷即可。

容器也美味
番茄蒸肉盅

时间 60 分钟 | 难度 中

主料　番茄 2 个 | 鸡肉末 200 克 | 蘑菇 4 朵
辅料　黑胡椒碎少许 | 香油 1 茶匙
　　　植物油 2 茶匙 | 姜泥 1 茶匙
　　　盐 1 茶匙 | 蛋清 1 个

做法

准备

1 将蘑菇洗净，切成碎末。

2 将鸡肉末、蘑菇碎放入碗中，加入姜泥、香油、植物油、黑胡椒碎、盐、蛋清、1 汤匙清水混合均匀，顺着一个方向搅打上劲。

装盘

3 将番茄五分之一处切出一个小盖子，挖掉内瓤。

4 将步骤2中拌好的肉馅酿入番茄中，盖上盖子，装入盘中。

蒸制

5 将蒸锅中的水烧沸，待蒸锅上汽，入蒸锅中蒸15分钟左右。

6 取出装盘即可。

在番茄中酿入肉馅烤制是地中海料理中极具代表性的料理之一，调成了更适合"中国胃"的风味，在清爽的鸡肉中增添了蘑菇，多汁又鲜美。

烹饪秘籍

还可以用烤代替蒸，风味更浓郁。

主料 嫩豆腐 1 块（约 300 克）
猪肉末 30 克｜榨菜 20 克
辅料 葱花 1 茶匙｜植物油 1 茶匙
香油 1/2 茶匙｜生抽 1/2 茶匙

平淡不平庸

榨菜肉末蒸豆腐

时间
15 分钟

难度
中

做法

炒制

榨菜切碎备用。

1

平底锅烧热，加入少
许植物油，放入猪肉
末炒散。

2

加入榨菜翻炒，淋入
生抽、香油调味。

3

蒸制

将嫩豆腐切成厚片，
码入盘中。

4

将蒸锅中的水烧沸，
待蒸锅上汽，将豆腐
放入蒸锅中蒸10分
钟，取出。

5

装盘

铺上炒好的榨菜肉
末，撒上葱花即可。

6

看似平淡无奇的外表下，却是
榨菜的咸鲜、猪肉的浓香、豆
腐的清新交织而成的惊艳感。

烹饪秘籍

如果不使用榨菜，使用梅菜、冬菜也同样
美味。

入口滑嫩香浓的下饭菜
榄菜蒸酿豆腐

时间
40 分钟

难度
中

豆腐细腻爽滑，散发着芬芳的豆香，
再配上少许榄菜作为点缀，便综合了
豆腐的清香和榄菜的咸香，变得清而不淡、咸
而不腻，恰到好处。

主料　豆腐 300 克｜猪肉糜 80 克
　　　橄榄菜 2 汤匙
辅料　干红辣椒 1 根｜葱花 20 克
　　　姜末 1 茶匙｜生抽 2 茶匙
　　　植物油 1 汤匙

营养贴士

豆腐的营养丰富，含有大量易被人体吸收的钙质和不饱和脂肪酸，且不含胆固醇，热量很低，属于健康又美味的食材。

做法

准备

1　猪肉糜混合1茶匙生抽、姜末，搅拌均匀。

2　再加入橄榄菜、15克葱花，搅拌均匀。

装盘

3　豆腐均匀铺在盘中，用刀划成大小相等的小块。

4　将搅拌好的猪肉榄菜馅儿均匀铺在豆腐上。

调味

6　将1茶匙生抽对凉白开，按照1：1的比例，搅拌均匀，淋在豆腐上。

7　干红辣椒切碎，撒在豆腐表面，撒上剩余葱花。

8　锅内倒入植物油烧热，浇在豆腐上即可。

蒸制

5　上大火蒸10分钟，沥干盘中水分。

烹饪秘籍

不要买太嫩的内酯豆腐，普通的豆腐即可。

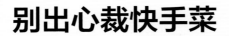

别出心裁快手菜
榄菜肉末蒸豆腐

时间
25 分钟

难度
低

橄榄菜特有的香味，加上肉末的鲜美醇香，经过蒸煮，完全渗透到豆腐中了，是一道特别适合老人小孩食用的快手菜。

主料　嫩豆腐 500 克｜猪肉 100 克
　　　橄榄菜 50 克
辅料　小葱 2 根｜生姜 1 小块｜大蒜 3 瓣
　　　盐 3 克｜鸡精 2 克｜老抽 1/2 汤匙
　　　生抽 1/2 汤匙｜食用油 20 克
　　　料酒 1 汤匙

营养贴士

油润的橄榄菜不仅味美，更富含不饱和脂肪酸，是维护心血管健康的好帮手。肉末和豆腐则提供了丰富的蛋白质。

做法

准备

 —1

小葱、生姜分别洗净切成细末；大蒜去皮切成细末；橄榄菜切成细末。

 —2

选择肥瘦相间的猪肉，洗净后先切成小块，再剁成肉末。

 —3

豆腐洗净沥干水分，放在适中的盘中，用刀分别横着、竖着划几刀，把豆腐分成大小相同的小块。

炒制

 —4

炒锅中倒油，烧至七成热时倒入肉末，用大火翻炒，加入料酒翻炒去腥。

 —5

肉末炒至变色时加入姜、蒜、生抽、老抽、盐、鸡精，翻炒均匀。

 —6

肉末调好味后加入橄榄菜，翻炒均匀，让橄榄菜的味道与肉末充分混合。

蒸制

 —7

橄榄菜肉末炒熟后，铲在备好的豆腐上，均匀地铺好。

 —8

起蒸锅，将准备好的橄榄菜肉末豆腐放在开水锅的蒸屉上，大火蒸煮6分钟左右，揭开锅盖，端出来撒上葱末即可。

烹饪秘籍

将豆腐用刀横着、竖着划几刀，就是为了让肉末的味道更好地渗透到豆腐中去。

香飘十里不是盖的
梅菜肉饼蒸蛋

时间
20 分钟

难度
低

主料 · 五花肉 150 克 | 梅菜 50 克
辅料 · 鸡蛋 1 个 | 白糖 2 茶匙 | 生抽 2 茶匙
料酒 1 茶匙 | 淀粉 1 汤匙 | 盐适量
食用油适量

客家人好似天生就是烹饪高手，这不，如此稀松平常的食材经过他们一番倒腾，毋需煎烤烹炸，简单上锅一蒸，美味即现。记得吃之前好好拌一拌，让鸡蛋与梅菜肉饼充分融合，吃起来会更赞哦。

做法

准备 ➡️ 蒸制

1 梅菜洗净，入清水中浸泡15分钟备用。

2 五花肉洗净去皮，先切细丝，后剁成肉末。

3 剁好的肉末加入白糖、生抽、料酒、盐、淀粉、少许油搅拌均匀，腌制片刻。

4 泡好的梅菜捞出，再次清洗干净，切碎末。

5 切好的梅菜加白糖、油拌匀。再将拌好的梅菜碎倒入肉末中，反复搅拌均匀。

6 搅拌均匀的梅菜肉末装盘中，入蒸锅大火蒸上汽后转小火蒸15分钟。

7 鸡蛋打入碗中，加适量盐。

8 再把鸡蛋倒入梅菜肉饼表面，继续小火蒸2分钟即可。

烹饪秘籍

做肉饼选用肥三瘦七的五花肉最为恰当，这样蒸出来的肉饼不会太油腻也不会太干。

一场美妙的邂逅
咸肉虾干蒸白菜

时间
35 分钟

难度
低

娃娃菜的自然清新极好地中和了咸肉的咸味，也令虾干更加与众不同，我想这样一场邂逅是令人羡慕的，因为它们让彼此变得更加美好。

主料　娃娃菜 300 克 | 咸肉 100 克
辅料　虾干 50 克 | 香葱 2 根 | 鸡精 1 茶匙

做法

准备

1　娃娃菜仔细清洗干净，然后将洗好的娃娃菜均匀切四等份待用。

2　虾干清洗干净沥干多余水分；香葱去根须洗净切葱粒待用。

炖煮

3　咸肉仔细清洗干净；放入高压锅中，加适量清水，大火煮至冒汽后转小火炖压15分钟。

4　待高压锅内气压散尽后，开盖捞出咸肉凉凉，然后切5毫米左右薄片；取一小碗煮肉的汤留用。

蒸制

8　将准备好的菜盘入蒸锅大火蒸上汽后转中小火继续蒸10分钟，然后出锅撒上葱粒即可。

烹饪秘籍

将煮咸肉的汤倒入菜盘中，会让蒸出来的娃娃菜饱含咸肉的醇香，远比清水或者其他高汤来的美味；另外咸肉和肉汤本身就有咸味，所以无须再加盐了。

装盘

5　准备一个大盘，将切好的娃娃菜整齐的平铺在盘底。

6　然后在娃娃菜上面铺上切好的咸肉片；再放上虾干。

7　取出待用的肉汤中加鸡精，然后将肉汤淋在菜盘上，以肉汤盖过娃娃菜为宜。

"缘"来一家人
咸肉冬瓜蒸干菜

时间 25 分钟　难度 低

冬瓜就像海绵尽情吸收着肉的咸与香；又像加湿器，把鲜甜的汁水反馈给咸肉和干丝。你中有我，我中有你，相当默契。

主料　咸肉 100 克｜豆腐丝 100 克
　　　冬瓜 100 克
辅料　料酒 2 汤匙｜香葱 1 棵
　　　干辣椒 2 个｜食用油适量
　　　鸡精 1 茶匙｜姜 5 克

做法

准备

调味

1 咸肉洗净，切薄片，
加2汤匙料酒腌制10
分钟，去腥软化。咸
肉较硬，切薄片易烂
且味道散发更充分。

2 豆腐丝切成约5厘米
长的段，如果买的是
豆腐片可以自己改刀
成丝。冬瓜去皮，切
成约4厘米的厚方片。

3 烧一锅水，水开后下
豆腐丝煮1分钟去除
豆腥味。捞出沥干
待用。

4 香葱洗净，取葱绿部
分切小粒。干辣椒去
子切小圈。姜去皮切
细丝。

5 约小半碗水烧开，加
入鸡精、姜丝来代替
高汤。如果有高汤，
直接使用味道更好。

6 取一较深的盘子，冬
瓜码在盘底，上面铺
豆腐丝，最上面盖
咸肉片。最后注入
高汤。

蒸制

7 蒸锅上汽，开中火，
蒸制15分钟后取出。

8 咸肉上撒上香葱粒和
辣椒圈，烧热2汤匙
油，趁热淋在香葱和
辣椒上即可。

网红食材的新吃法
咸蛋黄蒸肉卷

时间
50 分钟

难度
中

咸蛋黄可以说是食材界经久不衰的网红，即使被包裹着，美妙的味道在口中弥漫开来，自是藏不住光芒的主角。

主料　鸡蛋 2 个｜咸蛋（熟）3 个｜猪肉末 300 克
辅料　姜末 1 茶匙｜葱花 1 汤匙｜盐 1 茶匙
　　　水淀粉 50 毫升｜香油 10 毫升
　　　蚝油 10 毫升｜白胡椒粉少许｜植物油少许

烹饪秘籍

若觉得味淡，可以蘸蒜蓉辣椒酱食用。

做法

准备

1　将咸蛋取出蛋黄，捏碎。

2　鸡蛋打散；锅中刷少许植物油，小火将鸡蛋摊成蛋皮。

制作

3　在大碗中放入猪肉末、盐、蚝油、水淀粉、白胡椒粉、香油，顺着同一方向搅打上劲。

4　加入姜末和葱花拌匀，冷藏20分钟。

5　将蛋皮放在菜板上，铺上步骤4中调好的肉馅，撒上捏碎的咸蛋黄块，卷起。

蒸制

6　将蒸锅中的水烧沸，待蒸锅上汽，将咸蛋黄肉卷放入蒸锅中蒸15分钟。

7　取出切块即可。

主料　五花肉 500 克
辅料　豆豉 150 克│姜片 5 克│大葱 5 克
　　　生抽 1 汤匙│老抽 1 汤匙
　　　料酒 1 茶匙│高汤适量

豉香魔力
豆豉蒸肉

时间
50 分钟

难度
中

做法
准备

1　五花肉清洗干净；锅中入适量水，五花肉放锅中，煮至六成熟。

2　捞出煮过的五花肉，凉凉后切5毫米左右的薄片。

3　姜片去皮，切姜丝；大葱洗净，切同样粗细的葱丝。

装盘

4　将切好的葱丝均匀地铺在盘底，再整齐地铺上五花肉片。

5　再将姜丝撒到肉片上；均匀地淋上生抽、老抽、料酒。

6　将豆豉均匀地撒在肉片上，并加入刚好没过肉片的高汤。

蒸制

7　将准备好的五花肉盘放入蒸锅中，大火蒸至上汽。上汽后转小火继续蒸40分钟即可关火。

风味十足的豆豉从来都只是个配角，但却必不可少。配合肥瘦适中的五花肉，哪怕只是简单上锅一蒸，五花肉就不得不谢谢豆豉，因为豆豉让它变得更加讨喜了。

烹饪秘籍

豆豉、高汤和各种调味料本身味就足够了，所以无须再另外加盐调味了。

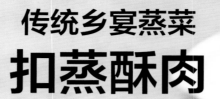

传统乡宴蒸菜
扣蒸酥肉

时间
60 分钟

难度
中

主料　猪五花肉 150 克 | 红薯淀粉 50 克
　　　鸡蛋 1 个
辅料　盐 1/2 茶匙 | 花椒粉 1 克 | 黄花菜 10 克
　　　腌制海带条 30 克 | 高汤适量
　　　白胡椒粉少许 | 植物油适量

这是一道亦汤亦菜的乡村风味蒸菜，酥炸的五花肉之下是朴素的山野之味。

做法

准备

1 将猪五花肉洗净，切成厚片（不去皮）。

2 红薯淀粉加入清水、鸡蛋，调成水淀粉。

3 将五花肉放入碗中，加入盐、花椒粉拌匀，加入水淀粉搅拌均匀，浸泡30分钟以上。

预炸制

4 油锅烧至六成热，一片片放入肉，炸至金黄色捞出。

调味

5 黄花菜用温水泡发，清洗干净，控干水分。腌制海带条放入碗中备用。

6 取一只深碗，在底部放入炸好的酥肉，再放上黄花菜和海带条，淋入高汤及腌肉的汤汁，撒上白胡椒粉。

蒸制

7 将蒸锅中的水烧沸，待蒸锅上汽，入蒸锅蒸20分钟，取出。

8 取一只深盘，扣在深碗上，快速倒扣过来（小心汤汁烫手），即可食用。

烹饪秘籍

如果没有腌制的海带条，可以换成现成的海带丝。

客家传统名菜
梅菜扣肉

时间
90分钟

难度
中

颜色酱红油亮，汤汁黏稠鲜美，扣肉滑溜醇香，食之软烂可口、肥而不腻，又一道让人欲罢不能的下饭菜！

主料　五花肉 350 克｜梅干菜 150 克
辅料　姜 10 克｜冰糖 20 克｜生抽 2 茶匙
　　　老抽 2 茶匙｜料酒 2 茶匙｜白糖 1/2 茶匙
　　　鸡粉 1/2 茶匙｜盐适量｜食用油适量

营养贴士

纯朴的梅菜不但为扣肉增添了滋味，更吸纳了扣肉流出的油脂，让扣肉肥而不腻。这是中华料理的烹饪秘诀与养生之道的完美结合。

做法

准备

1 梅干菜放入清水中泡开；姜洗净切片，放入沸水锅中，放入五花肉焯烫至变色后捞出，擦干表面水分。

2 老抽、料酒、盐和 1 茶匙生抽放入碗中调匀，均匀地抹在五花肉上，腌制至少 1 小时。

预煎制

3 锅中放油烧至四成热，放入冰糖小火慢慢熬化制成糖色。

4 五花肉皮向下入锅煎至焦黄色，翻面将整块肉煎至焦黄，淋糖汁，盛出凉凉切片，皮向下码入碗中。

5 泡好的梅干菜挤去水分备用；锅中留油，将梅干菜炒散，调入白糖、鸡粉、剩下的生抽炒匀后盛出。

蒸制

6 将梅干菜在肉片中交替填放，剩余的梅干菜覆盖在最上面，压实。上锅蒸 1 小时以上。

7 关火闷 5 分钟左右后将碗取出，将平盘盖在碗上。

8 双手分别按住碗和盘，将碗倒扣过来，再将碗取下即可。

烹饪秘籍

蒸好后最好不要立刻开盖出锅，让肉在里面再闷一会儿，让蒸汽再凝结一下，肉的味道会更醇厚。

简单快捷下饭菜
咸酸菜剁猪肉

时间 40分钟　难度 低

主料 肥瘦猪肉 300 克｜酸菜 150 克
辅料 红椒碎适量｜食用油适量｜生姜 1 小块
料酒 2 汤匙｜香油少许

咸香味的下饭佳肴，酸菜勾人魂魄的无穷回味，结合肥瘦猪肉糜的油脂味，香气扑鼻，两者结合得天衣无缝。

做法

准备

装盘

1 肥瘦猪肉清洗干净后剁成碎末，为节约时间，也可在超市买现成的肉糜，选肥瘦相间的最好。

2 生姜洗净剁碎备用，酸菜也剁成碎末，酸菜自己腌制或超市购买均可。

3 容器中加入猪肉末、酸菜末、生姜末、料酒搅拌，因为酸菜有咸味，可以不放盐了。

4 用筷子一直顺着一个方向搅拌，直至把肉糜和酸菜搅拌均匀，并且使得混合物产生劲道的手感。

5 采用一个大一点的平底盘，在盘子上均匀地抹一层香油，避免肉糜粘底并能增添菜的风味。

6 将搅拌均匀的肉糜和酸菜混合物平铺在盘子上，再洒点油封在表面，避免香味挥发。

蒸制

7 起蒸锅加水，将水大火烧开后，将装好肉糜和酸菜混合物的盘子放在蒸屉上蒸制。

8 撒上红椒碎做装饰，持续用中火蒸30分钟，关火出锅，用小刀划成小块以便食用。

烹饪秘籍

在搅拌肉末时加入生姜末和料酒，可让其入味，并可去除猪肉的腥味，必不可少。

年味儿浓浓
腊味合蒸

时间
60分钟

难度
中

过年啦，过年啦，让年味儿来得更猛烈些吧！腊猪肉、腊鸡肉、腊鱼齐聚一堂，咸香挡不住，你说大过年的还有什么比它们更合适的呢？

主料　腊猪肉 200 克｜腊鸡肉 200 克
　　　腊鱼 200 克
辅料　姜 5 克｜香葱适量｜剁椒 2 汤匙
　　　高汤适量

做法

准备 ➡

1　腊鸡肉、腊鱼用温水提前浸泡至变软，洗净备用。

2　腊猪肉洗净切5毫米左右厚片。

3　腊鸡肉切大小适中的块；腊鱼切稍细长条。

4　姜去皮洗净，切姜丝；香葱将葱白、葱绿分开；葱白切四五厘米长的段，葱绿切葱粒备用。

装盘

5　取大碗，将姜丝铺在碗底，然后在放上葱白。

6　再依次将腊鸡肉、腊鱼、腊猪肉铺在碗中。

蒸制 ⬅

7　然后在腊猪肉上铺上剁椒，淋上适量高汤。

8　最后将准备好的腊味盘入蒸锅中，大火蒸上汽后转中小火蒸40~50分钟，出锅撒上葱粒即可。

烹饪秘籍

腊鸡肉和腊鱼本身很干硬，所以蒸之前一定要用温水浸泡至变软，口感才会更加柔和；腊肉上面铺上一层剁椒，会为整道菜更添一道风味。

吸一口汤汁很必要
鸡汁百叶包

时间 30 分钟　难度 高

主料　肉末 350 克 ｜ 薄百叶 2 张
辅料　姜 5 克 ｜ 香葱 2 根 ｜ 料酒 2 茶匙
　　　老抽 1 茶匙 ｜ 生抽 1 茶匙 ｜ 淀粉少许
　　　鸡汤适量

里里外外都是浓郁鲜香的汤汁，别着急，慢慢来，轻轻将百叶嘬一个小口，喝掉里面的肉汤，再大口咬下去，口感香软的百叶和肉香十足的肉末就这样在你嘴里慢慢化开来。

做法

准备 ▶

1　姜洗净切细末，越细越好；香葱洗净同姜一样切细末。

2　肉末装进大碗中，加水使之吸饱水直至不能再吸水为止。

3　再将肉末中加入姜末、葱末、料酒、老抽、生抽、淀粉搅拌均匀并腌制片刻。

4　薄百叶洗净，横着切成大小适中的方形备用。

5　取切好的薄百叶一片，将适量腌制好的肉末放中间；然后将百叶左右两边先向中间折叠起来，再将整个卷成一个卷。

装盘 ▶

6　按照上面的方法将所有的百叶和肉末都卷成百叶包，依次放入盘中。

7　取鸡汤均匀地淋在百叶包上，使百叶包浸满鸡汤。

蒸制 ◀

8　最后将准备好的百叶包放入蒸锅中，大火蒸上汽后转小火蒸20分钟即可。

烹饪秘籍

肉末加水是为了使蒸出来的百叶包里面也充满肉汁，入口鲜嫩多汁；蒸百叶包一定要加足够的鸡汤，而且大火蒸上汽后一定要转小火，不然百叶会变得又干又硬，口感极差。

不一样的饺子
蒸蛋饺

时间
30 分钟

难度
中

吃多了面皮包的饺子，咱们来个不一样的饺子。用蛋皮来包，吃起来更加鲜嫩可口，做汤或煮面时可放上几个。

主料　鸡蛋 4 个｜猪肉末 200 克
辅料　小葱 1 根｜姜 2 片｜料酒 1 茶匙
　　　生抽 1 汤匙｜老抽 1/3 茶匙｜盐 2 克
　　　食用油 2 汤匙

做法

准备 ⟶ **制作**

1　小葱洗净、切碎，姜切末。

2　葱姜末放入猪肉末中，加料酒、生抽、老抽和盐。

3　搅拌均匀，顺着一个方向搅至上劲。

4　鸡蛋磕入碗中，打散备用。

5　汤勺内刷层油，小火加热后放入1小勺蛋液，转动勺子形成蛋皮。

6　取适量肉馅放蛋饺皮一侧，将另一侧对折过来，用小勺按压一下封口。

7　取出，重复步骤5和6，依次把所有蛋饺煎好。

蒸制 ⟵

8　蛋饺放烧开水的锅中蒸8分钟，即可享用。

烹饪秘籍

① 做好的蛋饺可放冰箱冷冻，用来煮汤、煮火锅都可以。
② 不要等蛋液表面太干再对折起来，内侧有蛋液可以黏合边缘。

清甜香嫩的江南风味
清蒸狮子头

时间
70分钟

难度
高

狮子头是江南一带的传统名菜，有清蒸、油炸等做法。狮子头的主料是肥瘦相间的猪肉，加入了爽口清脆的荸荠和香浓细滑的香菇，使得口感松软、肥而不腻、回味悠长。

主料　猪肉（肥瘦三七开）200 克｜鸡蛋 1 个
　　　荸荠 50 克｜香菇 5 朵｜油菜 2 棵
辅料　生姜 10 克｜盐 1 茶匙｜料酒 1 茶匙
　　　淀粉 1 茶匙｜白胡椒粉 1 茶匙
　　　鸡精少许

烹饪秘籍

① 不放水的狮子头，清蒸出来会有少量的汤汁，如果喜欢喝汤，可以在上锅前在碗内加入适量清水。

② 避免购买纯瘦肉，比如里脊肉这类，做这道菜需要少量油脂，这样狮子头吃起来口感才更为松软香甜。

做法

准备 —1

荸荠、生姜洗净、去皮；香菇洗净、去蒂；一起剁成细末，搅拌均匀，制成配菜馅料。如果是干香菇，需要提前泡发。

— 2

猪肉剁成肉糜，加入配菜馅料，混合均匀做成肉馅。

— 3

肉馅中加入盐、料酒、淀粉和鸡精，磕入 1 个鸡蛋，朝一个方向用力搅拌上劲。

制作 —4

将拌好的肉馅用手团成一个大肉丸子，这就是狮子头了。

— 5

油菜洗净，外面的大片叶子铺在碗底，做好的狮子头放在叶片上。

蒸制 —6

蒸锅内水烧开，将菜碗放入，用中火隔水蒸 40 分钟。

— 7

打开锅盖，将油菜心放入狮子头周边，改小火蒸 5 分钟。

— 8

取出菜碗，撒上白胡椒粉即可。

敦厚细腻的蘑菇军团
香菇蒸肉饼

主料	猪肉 150 克	鲜香菇 8 朵
辅料	生抽 1 茶匙	盐 1/2 茶匙
	淀粉 1 茶匙	葱花少许	胡椒粉少许

时间
50 分钟

难度
中

做法

准备

1 香菇洗净去蒂，留下3朵完整的，其余切末。

2 猪肉剁成肉糜，加入香菇、生抽、盐、淀粉，顺时针用力搅拌均匀。

装盘

3 做好的肉馅捏成小球，压成小饼状，均匀铺在盘中。

4 将完整的香菇摆在肉饼中间。

蒸制

5 蒸锅内水烧开，放入菜盘，大火蒸15分钟至香菇熟透，香味散发开来。

6 蒸好的香菇肉饼上撒上胡椒粉调味，最后撒上葱花即可。

这道菜简单易学，而且造型非常可爱精致。香菇醇厚细腻、清甜鲜美，搭配醇香多汁的猪肉，好吃好看又营养。

烹饪秘籍

如果是干香菇，则需要提前浸泡至充分膨胀，再进行烹饪。

爽脆可口的小可爱
荸荠蘑菇小碗蒸

时间
40分钟

难度
中

蘑菇鲜甜的汤汁浸入到肉馅里，丰美多汁，鲜甜的肉馅中还带有荸荠的脆爽，美味又营养。

主料　口蘑 200 克 ∣ 荸荠 50 克 ∣ 猪肉 50 克
辅料　生抽 1 茶匙 ∣ 盐 1/2 茶匙 ∣ 胡椒粉少许
　　　葱花少许

烹饪秘籍

① 挑选口蘑的时候，尽量选择个头较大的，烹饪更为省力，成品更为美观。
② 可以用其他可以倒扣成碗状的蘑菇代替口蘑，比如新鲜香菇等。

做法

准备

1 猪肉剁成肉糜；荸荠洗净后去皮，切末。

2 将猪肉糜、荸荠末、生抽、盐、胡椒粉搅拌均匀，制成肉馅。

3 口蘑洗净，去蒂，小心力度，不要用力过大导致蘑菇碎裂。

装盘

4 将口蘑反过来，在伞把凹陷处填入制好的肉馅，将填好肉馅的口蘑呈小碗状倒放在盘中。

蒸制

5 蒸锅内水烧开，放入菜盘，盖上锅盖，大火蒸15分钟左右，至肉汁浸入到蘑菇碗中，香浓鲜甜。

6 端出菜盘，撒上葱花即可。

让小朋友也爱上吃红枣
枣香里脊

时间 90 分钟

难度 中

主料 猪里脊肉 200 克 | 干红枣 15 颗
辅料 老姜 2 片 | 料酒 1 茶匙
生抽 1 茶匙 | 盐 1 茶匙

做法

准备

1　猪里脊肉切成小块，红枣洗净。

2　里脊肉加入料酒、生抽、盐，搅拌均匀，腌制20分钟。

蒸制

3　老姜放入腌制好的里脊肉中，最上层放上红枣。

4　蒸锅内水烧开，放入菜碗，盖上锅盖，转中小火蒸40分钟左右，至红枣软烂，蒸出来的肉汤中有明显的红枣甜味即可。

烹饪秘籍

1　猪里脊肉可以替换成牛柳等其他肉类，味道一样鲜美。
2　红枣尽量选择肉多核小的，吃起来香甜绵软。

花香徐徐、清淡爽口
黄花菜蒸里脊

时间 50 分钟

难度 中

烹饪秘籍

猪里脊肉也可以用肋排、牛柳等其他肉类代替，做出其他菜式。

主料 猪里脊肉 200 克 | 干黄花菜 20 克
辅料 盐 1 茶匙 | 料酒 1 茶匙 | 生抽 1 茶匙
姜末 1 茶匙 | 葱花少许

做法

准备

1　干黄花菜用清水浸泡至软，洗净，剪去根部，沥干备用。

调味

2　猪里脊肉切成小块，加入盐、料酒、生抽、姜末，搅拌均匀，腌制20分钟。

3　黄花菜垫入盘底，腌好的猪里脊肉均匀铺在黄花菜上。

蒸制

4　蒸锅内水烧开，放入菜盘，盖好锅盖，中火蒸15分钟，至肉汤渗进黄花菜中。

5　在蒸好的里脊肉上撒上少许葱花作为装饰即可。

有嚼劲的下酒菜
老干妈蒸月牙骨

时间
60 分钟

难度
低

主料　月牙骨 300 克｜老干妈 2 汤匙
辅料　料酒 1 汤匙｜姜末 10 克｜葱花少许

烹饪秘籍

① 月牙骨是连接猪筒骨和扇面骨的部分，有一层薄薄的瘦肉，骨头脆嫩有嚼劲，吃起来嘎嘣嘎嘣的，是口感很独特的肉类。

② 老干妈中含有盐分，因此不需要再加盐，如果少放一些老干妈，可以适当加入一些盐进行调味。

③ 老干妈只是调味品中有代表性的一种，可以替换成香辣酱、蘑菇酱之类，也很好吃。

做法

准备

1 月牙骨洗净，用料酒腌制15分钟。

2 腌制好的月牙骨沥干多余料酒，拌入老干妈、姜末，搅拌均匀。

蒸制

3 蒸锅内水烧开，放入菜碗，盖上锅盖，中小火蒸45分钟左右。蒸好的月牙骨和老干妈完全融合，口感脆弹爽口，香而不腻。

4 在蒸好的月牙骨上，撒上葱花进行配色即可。

简单自然的美味
南瓜蒸排骨

时间
45 分钟

难度
中

主料　猪小排 250 克 | 南瓜适量
辅料　大葱 15 克 | 姜 10 克 | 八角 2 个
　　　花椒 15 粒 | 生抽 1 汤匙 | 蚝油 1 汤匙
　　　白糖 1 茶匙 | 白胡椒粉 1 茶匙 | 食用油适量

没那么多为什么，也没多么花哨的炫技，简单自然的叠加，就是极好的美味佳肴。

做法

焯烫 ➡ **炒制**

1 猪小排洗净切小快，葱一半切碎，另一半切段儿，姜切片。

2 猪小排冷水下锅，放葱段、一半的姜片、花椒和八角，大火烧开后转中火煮10分钟以去除血水和腥味。

3 猪小排捞出后热水洗净，沥干水分待用。

4 南瓜洗净，去皮去瓤后切大块待用。如果选的是比较嫩的小金瓜可以不用去皮。

5 锅内热油，放入葱末、姜片爆香，放白糖、倒入生抽和蚝油，放入排骨炒出香味。

6 撒胡椒粉，继续煸炒，直到排骨均匀上色。

7 关火，将炒过的排骨在锅内静置10分钟，使排骨更入味。

蒸制 ⬅

8 将南瓜块码在盘子里垫底，炒过的排骨均匀放在南瓜上，入蒸锅大火蒸20分钟即可出锅。

营养贴士

南瓜性温，味甘，有润肺补气，滋养美容的功效。秋季天气干燥，正值南瓜上市之际，多吃能够起到很好的润燥滋养作用。

烹饪秘籍

① 南瓜易熟易烂，不能切块太小，否则成品不美观。南瓜本身有甜味，炒制排骨的时候，注意白糖不要放太多。
② 刚煮好的排骨是热的，骤然遇冷会使肉表面收缩，肉质变硬，因此最好要用热水冲洗。

肉香四溢的豆腐
蚝油排骨叠豆腐

⏱ 时间 90分钟

👐 难度 中

主料 排骨 500 克 | 豆腐 250 克
辅料 蚝油 1 汤匙 | 料酒 1 茶匙 | 盐 1/2 汤匙
蒜蓉 1 茶匙 | 姜末 1 茶匙 | 葱花少许

做法

准备

1 排骨切成小块，在清水中浸泡 10分钟，洗净后沥干水分。

腌制

2 豆腐沥干水分，切成长方形小块，均匀铺在盘底。

3 排骨加入蚝油、料酒、盐、蒜蓉、姜末、葱花搅拌均匀，腌制30分钟。如果希望色泽更加浓郁，可以滴入几滴酱油。

蒸制

4 腌制好的排骨，均匀铺在豆腐上。

5 蒸锅内水烧开，放入菜盘，中小火蒸40分钟即可。

烹饪秘籍

① 豆腐的品种没有严格要求，老豆腐或者嫩豆腐都可以。
② 喜欢吃辣的，可以撒上一些小米辣碎，或者在腌制的时候加入一些辣椒粉。

香麻软烂有嚼劲
五香牛蹄筋

⏱ 时间 90分钟

👐 难度 中

烹饪秘籍

可以购买市售洗净、剥好的成品牛蹄筋。

主料 牛蹄筋 200 克
辅料 五香粉 10 克 | 花椒 2 克 | 盐 3 克
生抽 1 茶匙 | 辣椒粉 1 茶匙
蒜蓉 1 茶匙 | 姜末 1 茶匙 | 葱花少许

做法

准备

1 牛蹄筋洗净，切段。

2 将备好的牛蹄筋拌入辅料（除葱花外），搅拌均匀，腌制20分钟。

蒸制

3 蒸锅内水烧开，放入菜盘，盖上锅盖，转中火蒸制60分钟，至牛蹄筋软烂入味。

4 撒上葱花即可。

主料　牛腩 250 克｜咖喱块 20 克
　　　洋葱 80 克｜土豆 100 克
　　　胡萝卜 1 根（约 100 克）
辅料　生姜 10 克｜盐 1 茶匙

辛香浓郁的开胃菜
咖喱牛腩煲

时间
120 分钟

难度
高

做法

准备

牛腩切成小方块，放入开水中焯熟，过冷水洗净，沥干备用。 **1**

洋葱洗净，竖刀切片；土豆、胡萝卜洗净，切小块。 **2**

将除了咖喱块之外的所有材料放入碗中混合均匀，加入清水1000毫升。 **3**

蒸制

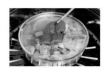
蒸锅内倒入清水，菜碗隔水大火烧开，中途加入咖喱块搅拌，让其均匀溶化在汤汁中。 **4**

转中小火，蒸煮90分钟左右至汤汁明显浓稠、牛腩软烂入味即可。 **5**

烹饪秘籍

① 咖喱块的辣味分为不同程度，可根据个人喜好选择。

② 牛腩越烂越入味，但是可以根据自己喜欢的口感程度调整蒸制的时间。

③ 如果牛腩已经蒸到想要的程度，可是锅里的咖喱汤还比较多、不够浓，可以打开锅盖，开大火蒸几分钟，帮助水分快速蒸发。

爽滑鲜美的牛肉卷
金针菇肥牛卷

⏲ 时间
50 分钟

👍 难度
中

主料 市售肥牛卷 100 克 | 金针菇 200 克
辅料 黑胡椒粉 1 茶匙 | 盐 1 茶匙
生抽 1 茶匙 | 葱花少许

做法

准备

1 金针菇洗净，切除根部，沥干水分，加入一半的盐腌10分钟。

2 肥牛卷加入黑胡椒粉、一半的盐腌制10分钟。

3 金针菇挤干水分，裹入肥牛卷中，卷紧，整齐摆入餐盘中。

蒸制

4 蒸锅内水烧开，放入餐盘，大火蒸15分钟至金针菇与肥牛的汤汁融合。

5 在蒸好的金针菇肥牛卷上淋上生抽，撒上葱花装饰即可。

烹饪秘籍

用肥牛卷裹金针菇的时候，需注意力道，力道太大容易破裂，而力道太小则会松散。可以用一根牙签插进牛肉卷中间进行固定。

主料　丝瓜 1 根（约 500 克）
　　　牛里脊肉 150 克｜鸡蛋 1 个
辅料　料酒 1 茶匙｜盐 3 克｜生抽 1 茶匙
　　　胡椒粉少许

做法

清爽碧绿，健体开胃
翡翠牛肉卷

时间
40 分钟

难度
中

准备

丝瓜削皮，洗净后切成 5 厘米高的小段，掏空中心，形成空心圆柱体。

1

调味

牛里脊肉剁成肉糜，加入鸡蛋搅拌均匀。

2

在肉糜中加入料酒、盐、生抽、胡椒粉，顺时针用力搅拌上劲，制成肉馅。

3

蒸制

将制好的肉馅填入丝瓜筒中，整齐摆入盘中。

4

蒸锅内水烧开，放入菜盘，盖好锅盖，大火蒸 15 分钟左右，至丝瓜熟透、牛肉汤汁溢出即可。

5

烹饪秘籍

① 尽量选择长条、头尾粗细较为匀称的丝瓜，方便切成筒状，大小适宜美观。

② 也可以用猪肉代替牛肉，举一反三，做成其他菜式。

晶莹剔透、鲜嫩可口
白玉萝卜牛肉盅

时间 40分钟

难度 高

这是一道利用食材本身作为容器，非常富有大自然野趣的菜式，用来招待客人也是非常有面儿的。清甜爽口的萝卜中填入了香浓的牛肉，再浇上鲜美浓稠的汤汁，口味真是一级棒。

主料　白萝卜 500 克｜牛里脊肉 200 克
辅料　火腿肠 30 克｜淀粉 1 茶匙
　　　料酒 1 茶匙｜生抽 1 茶匙
　　　姜末少许｜盐 1/2 茶匙
　　　白胡椒粉 1/2 茶匙｜葱花少许

烹饪秘籍

① 塑形状的模具在网上可以购买，对于做蒸菜来说，这是常用的工具。准备两个大小差别较大的模具，以免白萝卜筒太薄。

② 加入火腿肠丁是为了视觉上的搭配，因此只需少量、切小丁即可。

做法

准备 ⟶ **制作**

1 牛肉剁成肉糜，加入盐、生抽、料酒、姜末搅拌均匀，做成馅料。

2 火腿肠切成小丁备用。

3 白萝卜洗净、去皮，切成圆段，用大号模具取出整齐圆筒形。

4 再用小号模具取出白萝卜心。

5 把做好的肉馅填满到萝卜筒里，摆入盘中。

调味 ⟵ **蒸制**

7 淀粉和清水以 1：2 的比例倒入锅中，搅拌均匀，撒入白胡椒粉、火腿丁，大火烧开，形成浓稠的汤汁。

8 将淀粉汤汁均匀淋在萝卜盅上，撒上葱花即可。

6 蒸锅内水烧开，大火将萝卜筒蒸10分钟，取出。

营养贴士

牛肉的蛋白质含量高于普通肉类，而且脂肪含量低，经常食用可强身健体。白萝卜富含多种维生素，能增强身体免疫力。

浓郁香甜的佳肴
白萝卜蒸牛腩

🕐 时间 150 分钟　　💧 难度 中

主料　牛腩 250 克 | 白萝卜 1 个（约 500 克）
辅料　生姜 20 克 | 盐 8 克 | 生抽 1 茶匙
　　　料酒 1 茶匙 | 胡椒粉少许 | 葱花少许

做法

准备

1 牛腩洗净，切小方块，用清水浸泡10分钟，泡出血水后洗净备用。

2 白萝卜洗净后切成小方块，生姜切成大片。

调味

3 牛腩用生抽、料酒腌制20分钟。

4 腌制好的牛腩和白萝卜混合，倒入1000毫升清水，撒上盐，放入姜片，搅拌均匀。

蒸制

5 蒸锅倒入清水，放入菜碗，隔水蒸至水开，转中小火蒸90分钟至牛腩软烂、萝卜香甜入味。

6 在蒸好的牛腩上撒上胡椒粉和葱花即可。

😊 白萝卜清甜脆爽，牛腩则肥瘦相间、香浓有嚼劲。经过长时间蒸制后，牛腩软烂香浓，白萝卜浸透汤汁，更加入味，蔬菜的清甜和肉类的醇香结合得恰到好处。

烹饪秘籍

① 牛腩蒸90分钟，会获得比较软烂的口感，如果喜欢有韧劲一些的，可以适当缩短蒸制时间，但要保证牛腩能用筷子扎进去，这才算熟了。
② 做法中加入了1000毫升清水，也可根据自己喜欢的汤汁浓度进行增减。

配菜的颜色丰富多彩、口感也清甜爽口，搭配弹牙有嚼劲的牛肉丸，无论从视觉还是营养上，都是完美的组合，只需加上少许基础调味品，就是一道好菜。

口感丰富、清爽弹牙
五彩杂蔬牛肉丸

时间 **50** 分钟　　难度 **中**

主料　牛肉糜 200 克｜鸡蛋 1 个
　　　　玉米粒、胡萝卜、青豆各 30 克
辅料　盐 1 茶匙｜黑胡椒粉 1/2 茶匙

做法

准备

 胡萝卜洗净切碎。　1

 鸡蛋打散，混合牛肉糜搅拌均匀。　2

调味

 加入胡萝卜碎、玉米粒、青豆拌匀。　3

 加入盐、黑胡椒粉，搅拌均匀。　4

蒸制

 将拌好的馅捏成大小均匀的丸子，摆入盘中。　5

 上大火蒸20分钟即可。　6

烹饪秘籍

① 可以用其他肉类代替牛肉，比如猪肉、鱼肉等，举一反三，做成其他菜式。
② 可以挑选自己喜爱的蔬菜进行替换，颜色五彩美观即可。

冬日温补气血的佳肴
清蒸羊肉

 时间
80 分钟

 难度
高

羊肉在经过花椒、八角的处理之后，去除了膻味，口感变得鲜嫩咸香，软烂入味，是冬季非常好的温补食材。

主料　羊后腿肉 500 克
辅料　香菜 1 根｜老姜 20 克
　　　大葱 1 段（约 20 克）｜大蒜 5 瓣
　　　桂皮 5 克｜八角 2 粒｜花椒 3 克
　　　盐 6 克｜酱油 1 茶匙｜料酒 1 茶匙
　　　胡椒粉少许

做法

准备 ————————————→ **一次蒸制**

1　羊肉洗净后切成小块，焯水后洗净，沥干水分备用。

4　蒸锅内水烧开，放入汤碗，大火蒸20分钟。

2　老姜切成大片；大葱切成长段的细丝状；香菜洗净后切碎；大蒜拍碎、去皮，整颗备用。

调味

3　取一个汤碗，底部铺上一半的葱丝和姜片，放上羊肉、桂皮、八角、花椒。

5　取出汤碗，除羊肉外，其他的配料弃用。

6　在羊肉上淋上酱油、料酒，撒上盐，搅拌均匀，上层铺上剩余的一半姜片、葱丝，以及大蒜。

二次蒸制

7　蒸锅内水烧开，放上汤碗，中火蒸30分钟至羊肉软烂入味。

8　蒸好的羊肉撒上胡椒粉和香菜碎进行调味即可。

烹饪秘籍

① 羊肉表层如果有一层薄膜，要撕掉，因为这层薄膜有腥味。
② 香菜可以用葱花代替。

鲜香润滑的传统杭帮菜
西湖牛肉羹

时间
50 分钟

难度
高

口感鲜美细滑、汤汁香浓润喉。翠绿的葱花和丝丝金黄的蛋花点缀于汤羹中，若隐若现，非常好看，这也是江浙一带的传统名菜。

主料　牛里脊肉 100 克｜鲜香菇 3 朵
　　　蛋清 1 个
辅料　料酒 1 茶匙｜姜末 1 茶匙
　　　盐 1 茶匙｜淀粉 1 茶匙｜香菜 1 根
　　　胡椒粉少许

做法

准备

1 牛肉切成肉末，加入料酒腌制10分钟，挤干多余的水分后备用。

2 香菇洗净、去蒂、切碎；香菜洗净后切碎。

3 淀粉加入少许水，搅拌均匀；蛋清搅拌打散。

装盘

4 牛肉放入汤碗中，加入500毫升清水，放入姜末和香菇碎，撒上盐。

蒸制

5 蒸锅内水烧开，放入汤碗，大火蒸15分钟。

6 打开锅盖，将打散的蛋清倒入汤碗内，搅拌均匀。

调味

7 拌好的水淀粉倒入汤碗，拌匀，略蒸片刻，关火。

8 撒上胡椒粉和香菜碎进行调味和装饰即可。

烹饪秘籍

① 牛肉和香菇都要切得越细越好。

② 倒入蛋清的时候动作要迅速，搅拌要均匀，形成一丝丝的羹状蛋花。

杂粮入菜来
小米蒸牛肉

🕑 时间 60 分钟　　🥄 难度 中

主料　小米 200 克 ｜ 牛肉（牛里脊）300 克
辅料　蒜蓉辣椒酱 1 茶匙 ｜ 植物油 1 汤匙
　　　淀粉 3 克 ｜ 白砂糖 1 茶匙 ｜ 生抽 1 茶匙
　　　五香粉 1/2 茶匙 ｜ 料酒 1 汤匙
　　　白胡椒粉少许 ｜ 香菜适量 ｜ 盐少许

做法

准备

1　将小米浸泡2小时，洗净，控干水分。

2　将牛肉洗净，切片。

腌制

3　将牛肉片放入大碗中，加入料酒、盐、白胡椒粉、五香粉、生抽、淀粉、白砂糖、少量清水搅打均匀，至充分吸收水分。

4　加入蒜蓉辣椒酱和植物油，充分搅拌，静置10分钟使之入味。

5　拌入控干水分的小米。

蒸制

6　将蒸锅中的水烧沸，待蒸锅上汽，将小米牛肉放入蒸锅中大火蒸30分钟左右。

7　取出装盘，撒上香菜即可。

🍚 利用小米粒小又黏糯的特质，代替繁琐的制作米粉的过程，杂粮入菜简单又美味。

烹饪秘籍

可以用羊肉、排骨、猪五花肉代替牛肉。

主料　鸡肉 300 克 ｜ 小板栗 150 克
辅料　盐 6 克 ｜ 生姜 10 克 ｜ 胡椒粉 1 茶匙
　　　葱花少许

做法

准备

1　板栗剥壳，取肉；鸡肉洗净、切块；生姜切片。

2　将鸡肉、板栗、生姜放入碗中，加入盐，倒入1000毫升清水。根据注入清水的分量多少，适量增减盐分。

蒸制

3　蒸锅内注入清水，放入汤碗，隔水大火蒸，水开后转小火蒸90分钟。

4　蒸好的汤碗里撒上胡椒粉和葱花即可。

秋冬餐桌上的温补佳肴
小板栗蒸鸡

时间
120 分钟

难度
中

烹饪秘籍

1　可购买剥好的板栗仁，更为方便，喜欢吃板栗的可以增加分量。

2　鸡肉可以选择整只鸡，或者是鸡腿等纯肉的部分均可。

主料　鸡翅中 10 个 ｜ 干豆豉 10 克
辅料　蒜蓉 1 汤匙 ｜ 姜末 1 汤匙
　　　酱油 1/2 汤匙 ｜ 盐 1 茶匙

做法

准备

1　鸡翅中洗净，表面用刀划开口子。

2　在鸡翅上均匀抹上酱油和盐。

摆盘

3　将鸡翅整齐摆入盘中，均匀撒上蒜蓉、姜末和干豆豉。

蒸制

4　蒸锅内水烧开，放入菜盘，盖上盖子，大火蒸25分钟即可。

让肚子咕咕叫的美味
豆豉蒸鸡翅中

时间
40 分钟

难度
中

烹饪秘籍

喜欢香辣口味的，可以加入1茶匙辣椒粉，和酱油、盐同时抹在鸡翅上。

越简单越嫩滑
葱姜蒸嫩鸡

 时间
30 分钟

 难度
中

主料 嫩鸡 1/2 只（约 400 克）
辅料 姜片 3 片｜葱结 1 个｜盐 1 茶匙
料酒 1 汤匙｜白胡椒粉少许｜葱丝适量
姜丝适量｜生抽 1 茶匙｜植物油适量

鲜嫩的鸡肉经过腌制入味，用健康的烹饪方式蒸熟，再淋入美味的酱汁，入口美味无穷。

做法

准备

1 将嫩鸡洗净，擦干水。

2 用盐、料酒、白胡椒粉揉搓鸡身，放上姜片、葱结，冷藏 1 小时。

3 擦干鸡渗出的水分，放入深盘中（保留姜片和葱结）。

蒸制

4 将蒸锅中的水烧沸，待蒸锅上汽，大火蒸 20 分钟左右，取出。

斩件

5 略微放凉后，将鸡斩成块，装盘。

调味

6 将葱丝和姜丝放入小碗中。

7 在小锅中将植物油烧热，淋入葱丝和姜丝中，加入少许盐和生抽调成葱姜油。

8 将葱姜油淋在鸡块上即可。

烹饪秘籍

可以放入适量新鲜的沙姜，即成沙姜蒸嫩鸡。

粤式早茶的悠然滋味
豉汁蒸凤爪

时间
60 分钟

难度
低

主料　鸡爪 300 克 ｜ 干豆豉 50 克
辅料　八角 1 个 ｜ 桂皮适量 ｜ 草果 1 个
　　　干辣椒 8 个 ｜ 花椒少许 ｜ 独头蒜 1 个
　　　生姜 1 小块 ｜ 白糖 1 汤匙 ｜ 黄酒 2 汤匙
　　　食用油适量 ｜ 盐适量 ｜ 蚝油 1 汤匙
　　　老抽 1 汤匙 ｜ 小葱 1 根

软软糯糯的，香气十足，豉汁恰到好处地去除了鸡爪的腥味，迸发出异常的鲜美味道，老少皆宜。

做法

焯烫 ➜ 炒制

1　鸡爪清洗干净，剪去鸡爪尖角，用刀将一只鸡爪分成三小块；小葱洗净切成葱花。

2　锅中加水烧开后放入鸡爪煮 10 分钟，鸡爪肉开始收缩露出骨头时就可以捞出沥干水分。

3　用厨房纸巾吸一下鸡爪的水分，或者提前一点煮好在通风处晾干。蒜切片，姜切丝备用。

4　锅中放油烧至六成热时放入鸡爪进行炸制，炸大约 3 分钟至鸡爪表面起皱即可捞出。

蒸制 ⟵ 调味 ⟵

7　另起锅，放水烧开后将腌制好的鸡爪放在蒸屉上，大火蒸制 20 分钟。

8　鸡爪出锅，因老抽、豆豉、蚝油等都具有咸味，可根据个人口味加少量盐进行调味，最后撒上葱花即可。

5　捞出的鸡爪迅速放进温水中浸泡至鸡爪完全涨发，捞出沥干水分。

6　在鸡爪中加入八角、草果、干辣椒、花椒、桂皮、生姜、蒜片、豆豉、蚝油、老抽、白糖、黄酒拌匀，腌制 20 分钟。

烹饪秘籍

将鸡爪炸制后用温水浸泡，一直到鸡爪完全涨发，鸡皮呈裂开状，这样蒸后的鸡爪更加的软糯和入味。

混搭出新意
剁椒蒸鸡腿

时间
40 分钟

难度
低

剁椒的小心思其实很明显，当年和鱼头做搭档，风头全被鱼头抢走了。这回换个伙伴，其实就是昭告天下。它才是好吃的关键。

主料　鸡腿 4 个｜荷兰豆 100 克
辅料　姜 5 克｜大蒜 6 瓣｜剁椒 2 汤匙
　　　蚝油 1 茶匙｜料酒 2 茶匙
　　　生抽 2 茶匙｜胡椒粉 1 茶匙
　　　盐 1/2 茶匙｜油 1/2 茶匙

营养贴士

剁椒是湖南的特色食品，味辣鲜咸。含有丰富的蛋白质和多种微量元素，搭配鸡腿，采取最健康的烹任方式——蒸，营养更上一层楼。

做法

腌制

1 将大蒜拍破剁成蒜蓉，姜切片，荷兰豆择去老筋洗净，鸡腿洗净后用冷水浸泡 1 小时，去除血水沥干待用。

2 在鸡腿上斜切几刀以便腌制入味，每一刀都要切破鸡皮并切断外层的鸡肉纤维。

3 将切好的鸡腿放入大碗中，加蒜蓉、姜片、生抽、料酒、蚝油和胡椒粉。

4 用手按摩鸡腿 2 分钟，确保每个鸡腿均匀地沾到腌料。大碗盖上保鲜膜，放入冰箱中冷藏 2 小时以上。

准备

5 将腌好的鸡腿取出放入盘中，上面铺上一层剁椒待用。

6 烧一锅水，水开后加入盐和油，将荷兰豆放入其中略焯一下后，捞出沥干待用。

蒸制

7 蒸锅上汽，放入鸡腿蒸 20 分钟。取一大盘，将荷兰豆码放在盘中。

8 蒸好的鸡腿用铲子连同剁椒一起移到装荷兰豆的盘子里，盖在荷兰豆上，最后淋上适量蒸鸡腿的汤汁即可。

烹饪秘籍

① 切鸡腿的时候虽然要切断鸡肉纤维，但是不要一刀切到骨头。鸡肉遇热会收缩，切得太深成品会很散，不好看，切开肉厚的 1/3 即可。

② 配菜除了荷兰豆之外可以选择油菜、芥蓝等蔬菜，绿色蔬菜跟白色的鸡肉、红色的剁椒配在一起更好看。

③ 焯烫荷兰豆的时候，在水中加油和盐可以让焯出来的荷兰豆更绿更脆。

原味蒸盅
香菇木耳蒸鸡

时间
40分钟

难度
低

主料　鸡半只｜干香菇 15 个｜干木耳 10 克
辅料　盐少许｜生抽 2 汤匙｜料酒 1 汤匙
　　　胡椒粉 1/2 汤匙｜小葱 1 根｜生姜 3 片
　　　白糖 1/2 汤匙｜香油适量

香香、糯糯、软软的，蒸制出来的鸡肉不需要太多的调料就会特别香，原汁原味，最大化地保留了营养。

做法

准备 —1

提前半天将香菇、木耳用凉水浸泡，泡发好后加盐搓洗，去除杂质，再用清水洗净备用。

—2

鸡清洗干净后，剁成小块。如果能买到柴鸡，味道更好。

—3

起锅烧开水，水开后将鸡肉倒进去氽烫一下，迅速捞出，沥干水分，这样可为鸡肉去腥。

调味 —4

生姜洗净后切细丝，小葱洗净后切成1寸长的段。将泡发好的香菇、木耳择成小块备用。

—5

在氽烫好的鸡肉中加入葱段、姜丝、料酒、盐、生抽、胡椒粉、白糖、香油拌匀。

—6

拌匀后在容器表面覆上保鲜膜，放置在冰箱冷藏层中15分钟，让鸡肉充分入味。

蒸制 —7

将腌制后的鸡肉整齐摆放在平底容器中，上面放入香菇和木耳，放进已经开锅的蒸屉上大火足气蒸制20分钟。

—8

出锅后用另一相同大小的容器对鸡肉进行翻面，造型会更好，蒸制鸡肉的汤汁也会得到充分运用。

烹饪秘籍
为了鸡肉入味，需要提前码味腌制。日常腌制可采用放入冰箱的方式加快进度，同时还可避免水分流失和串味，注意表面覆上保鲜膜。

爽滑易消化
香葱金针菇蒸蛋

 时间
20 分钟

 难度
低

主料　鸡蛋 2 个｜金针菇 50 克
辅料　小葱 2 根｜白胡椒粉 1 茶匙｜盐 2 克
　　　橄榄油 2 克｜温水适量｜淀粉 2 克

鸡蛋非常嫩滑，伴着金针菇的清香回甘，是一道可口的佳肴。

做法

焯烫 ➜➜➜➜➜➜➜➜➜➜➜ **准备**

1　小葱清洗干净，切成末；金针菇去蒂，清洗干净。

2　锅中倒入水烧开，放入金针菇进行焯烫，金针菇在开水中略过水即可捞出。

蒸制 ⟵

7　起蒸锅，烧开锅后将搅拌均匀的金针菇蛋液放在蒸屉上，大火蒸 8 分钟。

8　蒸满 8 分钟后关火，从蒸锅中移出后撒上葱末即可食用。

3　金针菇从开水中捞出，立即放在清水下冲凉，然后切成细末。

4　鸡蛋磕入碗中，加入白胡椒粉、盐、橄榄油，用筷子顺着一个方向打匀。

5　准备一碗 80℃左右、水量是鸡蛋 1.5 倍的温水备用。蛋液打匀后加入金针菇末、淀粉。

6　继续搅拌均匀，边搅拌边加温水，直至打匀。

烹饪秘籍

搅拌蛋液时最好加入热的米汤，能让蒸蛋的质地更醇厚，也可以用温水和少量的淀粉来代替。

甜美柔滑营养全
南瓜蒸蛋

⏱ 时间 30 分钟

难度 低

为数不多的甜口蛋餐，还有各式果脯和坚果，兼具营养和美味。

主料 鸡蛋 2 个｜南瓜 100 克
辅料 白糖 2 汤匙｜果脯 20 克｜核桃仁 25 克
淀粉 1 茶匙

做法

准备

1　将核桃仁放在干锅中用小火炒熟炒香。铲在无水分的容器中凉凉。
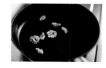

2　核桃仁凉凉后放在砧板上，切成碎粒；果脯洗净沥干水分，切成碎粒。

预蒸制

3　将南瓜削皮去子，洗净放进盘中，入蒸锅大火蒸10分钟，取出稍晾一下。

制作

4　鸡蛋磕入碗中，加入白糖、淀粉，顺着一个方向搅拌均匀。

5　南瓜不烫手时，将其碾成南瓜泥，放入打匀的蛋液中，继续拌匀。

6　边搅拌边加入凉白开，水量是蛋液的1.5倍，然后再加入果脯碎拌匀。

蒸制

7　将打匀的南瓜蛋液放在蒸屉上，蒸锅水烧开后，蒸制8分钟。

8　从蒸锅中端出南瓜蒸蛋，将核桃碎粒均匀地撒在蒸蛋上即可食用。

主料　鸡蛋 3 个｜牛奶 150 毫升
辅料　白糖 2 茶匙

亲爱的甜品
牛奶蛋羹

时间
25 分钟

难度
中

做法
准备

 1 鸡蛋打入碗中，打散至蛋液均匀，蛋清蛋黄完全融合。

 2 加入白糖，继续打散至白糖全部溶解于蛋液中。

 3 将约150毫升牛奶倒入打散的蛋液中，充分搅拌至牛奶和蛋液完全融合。

 4 选一个细密的滤网，将混合好的牛奶蛋液过滤两次，消除蛋奶液中的大泡，使蛋羹更细滑。

装碗

 5 将过滤好的蛋奶液倒入一个耐热碗中。

 6 用保鲜膜将碗盖住，使保鲜膜与碗的外壁紧密贴合。用牙签在保鲜膜表面扎几个小洞。

蒸制

 7 蒸锅加水，开大火烧开。水开后放入装蛋奶液的碗，转中火。蒸10分钟后将碗取出，去掉保鲜膜即可。

这是在江湖上流传很久关于甜党和咸党的纷争，但是，没有吃过就轻易下判断真的好吗？不论甜的还是咸的，好吃就行。

烹饪秘籍

① 蒸蛋的时候覆盖的保鲜膜可以换成盘子，扣在碗上，但是一定要选和碗口吻合的，如果不贴合漏气的话起不到覆盖的作用。

② 如果想要蛋羹蒸好后不沾碗，可以在碗壁上涂一点点食用油。

③ 除了加白糖，也可以将白糖换成生抽和香油，做成咸蛋羹，但是生抽和香油要在蛋羹蒸熟之后加入。

来自热带雨林的鸡蛋君
椰奶鸡蛋羹

时间 20分钟

难度 低

主料　鸡蛋 2 个 ｜ 椰奶 150 克
辅料　盐少许

做法

准备

1　鸡蛋打散，加入少许盐，搅拌均匀。

2　加入椰奶，用力搅拌。

3　用一个筛子过滤蛋液，这样蒸出来的蛋羹没有气泡，更加嫩滑。

蒸制

4　过滤好的蛋液用保鲜膜密封，上蒸锅，大火蒸10分钟左右至蛋液凝固即可。

用香浓的椰汁代替普通的清水，蒸制一碗柔滑清甜的蛋羹。家常菜式的常规做法，在细节上稍作改动，就能体验到不同的乐趣。

烹饪秘籍

① 过滤蛋液的筛子可以在网上买到，一般是不锈钢制成的，过滤后的蛋液不会有气泡和沫沫，整个蛋羹变得更为柔滑。
② 用保鲜膜密封是为了防止在蒸制过程中蒸汽滴落产生的表面蜂窝状，也是为了让蛋羹的口感更好。此法可以用于所有的鸡蛋羹的制作过程中。

Chapter

3

水产篇

肉嫩汤鲜最开胃
番茄鱼肉羹

时间
20分钟

难度
低

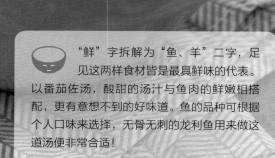

"鲜"字拆解为"鱼、羊"二字，足见这两样食材皆是最具鲜味的代表。以番茄佐汤，酸甜的汤汁与鱼肉的鲜嫩相搭配，更有意想不到的好味道。鱼的品种可根据个人口味来选择，无骨无刺的龙利鱼用来做这道汤便非常合适！

主料　番茄 1 个｜鱼肉 100 克
辅料　胡萝卜半根｜香菇 5 个｜鸡精 2 克
　　　盐 2 克｜小葱 1 根｜生姜 1 小块
　　　料酒 1 茶匙｜白胡椒粉 1 克

烹饪秘籍

番茄洗净，用开水烫1分钟左右，捞出过凉水，就很容易撕去表皮了。

做法

准备 —1

番茄洗净去皮，切小丁备用；香菇去蒂洗净，切成碎粒；胡萝卜洗净，切成薄片装盘。

— 2

生姜洗净切片；小葱洗净，葱白切成3厘米的段，葱绿切成末。

— 3

鱼肉加入料酒、葱白、姜片腌2分钟，去除鱼腥味。

蒸制 —4

起两层蒸锅，倒入清水，烧开后将胡萝卜片放在下面一层的蒸屉上，用大火蒸制3分钟。

— 5

揭开锅盖，将鱼肉放在上面一层蒸屉上，再继续蒸制5分钟左右，至鱼肉熟了关火。

煮制 —6

取出鱼肉，放在砧板上，取出鱼刺，用刀背敲打成鱼肉末；用勺子将胡萝卜片挤压成泥。

— 7

起锅倒入适量开水，放入胡萝卜泥、鱼肉、香菇、番茄，用大火煮开锅。

— 8

改用中小火，加入盐、鸡精、白胡椒粉、葱白调味，继续煮至汤汁略微有点浓稠，加入葱末即可起锅。

柠香入菜来
柠檬蒸鲈鱼

时间
30分钟

难度
中

主料　海鲈鱼 1 条（约 400 克）｜柠檬 1 个
　　　香茅 1 根｜姜片 3 片
辅料　香菜 1 根｜盐 1/2 茶匙｜黑胡椒碎少许

东南亚地区的人们，在料理鱼类时总不忘放上几片柠檬，清新的柠檬不仅能去除鱼腥味，还能嫩肉增香。

做法

准备 ⟶

1 将海鲈鱼处理干净，擦干水。

2 用盐、黑胡椒碎抹在鲈鱼身上（包括鱼肚内），静置腌渍15分钟，擦干水。

3 将香茅拍碎，切成段。

4 将柠檬切片。

装盘

5 将鲈鱼摆在鱼盘中，将姜片、香茅段塞在鱼肚中。

6 在鱼身上摆上柠檬片。

蒸制 ⟵

7 将蒸锅中的水烧沸，待蒸锅上汽，放入蒸锅中大火蒸8分钟。

8 取出，摆上香菜，搭配柠檬食用。

烹饪秘籍

务必选用没有苦味的柠檬，否则鱼肉易发苦。

营养丰富、清甜肥美
清蒸鲈鱼

时间 40分钟 | 难度 中

鲈鱼的鱼肉细嫩、洁白，易消化，刺少。清蒸的方式最能锁住鱼肉的营养，并且能保留鱼肉原本的清甜鲜美。

主料 　鲈鱼 1 条（约 700 克）
辅料 　生抽 1 汤匙｜生姜 20 克
　　　细香葱 20 克｜植物油 20 克

做法

准备

1 鲈鱼洗净后，在两面的鱼身上各划上两道刀口。

2 生姜一半切大片，一半切姜丝。细香葱的葱白切小段，葱绿部分切成葱花。

蒸制

3 鲈鱼摆入盘底，在鱼肚和盘底上均匀铺上葱白和姜片。

4 蒸锅内水烧开，将菜盘摆入锅内，盖上锅盖，大火蒸20分钟。
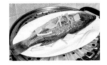

调味

5 将盘中的葱段、姜片、汤汁弃用，撒上葱花和姜丝。

6 生抽和凉白开按照1:1的比例对好，均匀淋在鱼上。

7 锅内倒入植物油，加热至冒烟的滚烫状态，趁热浇在鱼上即可。

烹饪秘籍

① 油一定要加热至冒烟的滚烫状态，趁热浇在鱼上，听到"刺啦"一声，香味就出来了。

② 如果是小一点的鲈鱼，蒸15分钟即可。

主料 鳕鱼柳 200 克 | 柠檬半个
辅料 姜丝 15 克 | 葱丝 15 克 | 生抽 1 汤匙
料酒 1 汤匙 | 黑胡椒粉 1 茶匙

时间
30 分钟

难度
低

低脂高蛋白的健身餐
柠檬鳕鱼柳

做法

准备

1 鳕鱼柳解冻，切成大方块，加入料酒和1/2茶匙黑胡椒粉腌制10分钟。

2 盘中垫入姜丝、葱丝，将腌制好的鳕鱼铺在上面。

蒸制

3 蒸锅内水烧开，放入菜盘，大火蒸15分钟。

4 蒸好的鳕鱼，挤上柠檬汁，淋上生抽，撒上剩余黑胡椒粉调味即可。

烹饪秘籍

柠檬汁可以根据个人口味适量增减用量。

主料 鳕鱼 2 块（约 200 克）| 姜丝适量
豆豉 1/2 汤匙
辅料 盐 1/2 茶匙 | 黑胡椒碎少许 | 蒜末 1 茶匙
红辣椒圈 2 克 | 蒸鱼豉油 2 茶匙

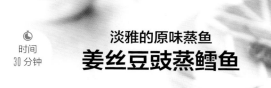

时间
30 分钟

淡雅的原味蒸鱼
姜丝豆豉蒸鳕鱼

难度
中

做法

调味

1 鳕鱼用盐和黑胡椒碎腌15分钟，擦干水。

2 将豆豉、红辣椒圈、蒜末、蒸鱼豉油混合成豆豉酱。

3 将鳕鱼放入深盘中，铺上姜丝，淋上豆豉酱。

蒸制

4 将蒸锅中的水烧沸，待蒸锅上汽，上蒸锅大火蒸7分钟左右。

5 取出装盘即可。

烹饪秘籍

请提前将鳕鱼充分化冻，擦干水。

来自深海的馈赠
蚝汁多宝鱼

时间
30分钟

难度
中

主料 多宝鱼 1 条（约 600 克）
辅料 蚝油 1 汤匙 | 生抽 1 茶匙
生姜 20 克 | 大葱 20 克
植物油 20 毫升

做法

准备

1 多宝鱼洗净后，在两面的鱼身上各划上两道刀口。生姜一半切大片，一半切细丝。大葱切成长条细丝。

2 将多宝鱼摆在盘中，在盘底、鱼肚上均匀铺上姜片和一半分量的细葱丝。

蒸制

3 蒸锅内水烧开，将菜盘摆入锅内，盖上锅盖，大火蒸 15~20 分钟。

4 将盘中的葱丝、姜片、汤汁弃用，撒上剩余的细葱丝和姜丝。

调味

5 蚝油、生抽和凉白开按照 1:1 的比例调好，淋在鱼上。

6 锅内倒入植物油，加热至冒烟的滚烫状态，趁热浇在鱼上即可。

多宝鱼很适合清蒸的烹饪方式，汤汁甜美、肉质洁白细嫩，整条鱼的摆盘造型也非常大气美观。

烹饪秘籍

① 多宝鱼一般以冰鲜的方式售卖，鱼眼清亮、鱼鳃为正常鲜红色的，就是新鲜的。

② 购买多宝鱼的时候让店家加工好，比如去鳃、去内脏等。

③ 蚝油和生抽含盐分，所以蒸鱼的过程中不用再加盐。

④ 弃用蒸好的鱼肉汤汁这一步很重要，否则汤汁中会带有一些鱼腥味。

主料　龙利鱼 400 克｜干豆豉 40 克
辅料　红米椒 2 个｜青米椒 2 个｜香菜 1 根
　　　蒸鱼豉油 2 汤匙｜白糖 1/2 茶匙
　　　料酒 4 汤匙｜现磨黑胡椒粉 1 克
　　　大蒜 5 瓣｜姜 2 克

懒人有懒招
豆豉蒸龙利鱼

时间
40 分钟

难度
低

做法

准备

1 干豆豉捣碎；青、红米椒分别洗净，去蒂、切圈；香菜洗净、切末；蒜去皮、切末；姜去皮、切丝。

2 龙利鱼解冻后，用厨房纸吸干水分，斜刀切成小块。

3 龙利鱼块加姜丝、2汤匙料酒、磨入黑胡椒粉、10克豆豉碎抓匀，腌制20分钟。

调味

4 蒸鱼豉油、青红米椒圈、白糖、剩余料酒、蒜末、少许清水混合，调成料汁。

5 龙利鱼整齐摆入盘中，撒入剩余豆豉碎，均匀地淋入料汁。

蒸制

6 蒸锅烧开水，将龙利鱼放在蒸屉上，大火蒸8分钟，关火后撒入香菜末即可。

想吃鱼又想省事，懒又贪吃，怎么办？把鱼腌一会儿，淋点料汁，上锅一蒸就完事。不要主食，只吃鱼就饱了。

烹饪秘籍

干豆豉和蒸鱼豉油都有咸味，不用再额外加盐。

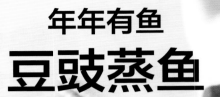

年年有鱼
豆豉蒸鱼

时间
15 分钟

难度
中

风味十足的豆豉，搭配肉质鲜嫩的鱼肉，上锅一蒸，满屋飘香。微辣的口感基本能迎合所有人的口味，你就等着被它征服吧！

主料 鳊鱼 1 条 | 豆豉 2 汤匙
辅料 生姜 4 片 | 料酒 2 茶匙 | 香葱 2 颗
酱油 1 汤匙 | 盐适量 | 食用油适量

做法

准备 ➡ **装盘**

1 鱼清洗干净，背腹各划上三四道口。

4 盘底铺上少量姜丝，再放鱼，并淋上酱油。

2 鱼身均匀地抹上适量的盐，洒上料酒腌制15分钟。

5 再放上剩下的姜丝，并均匀地撒上豆豉。

3 生姜片切细丝；香葱洗净后，将葱白和葱绿分开切小段。

调味 ⬅ **蒸制** ⬅

7 出锅后的鱼撒上葱绿。

6 蒸锅上水烧开，将鱼放进锅中大火蒸10分钟后出锅。

8 另起炒锅烧热油，下葱白爆香后淋到鱼上即可。

烹饪秘籍

为了使蒸出来的鱼肉保持鲜嫩的口感，一定要大火沸水快蒸，并且保证一次蒸熟，蒸两遍会使鱼肉变老，有损口感。

老少咸宜
豉油鳕鱼段

时间
15 分钟

难度
低

简单清蒸过后的鳕鱼，原香十足但欠缺些许风味，这时候豉油就该登场了，淋在鳕鱼上，方便省事且风味即现。让你开始一段全新的味觉体验。

主料　鳕鱼 300 克
辅料　姜 5 克｜大蒜 3 瓣｜香葱 5 根｜生抽 2 茶匙
　　　料酒 1 茶匙｜蒸鱼豉油适量｜盐适量

做法

准备 ➜ 装盘

1 鳕鱼仔细清洗干净，切三四厘米长的鳕鱼段。

2 切好的鳕鱼段加生抽、料酒、适量盐拌匀，腌制片刻。

3 姜洗净去皮切姜丝；蒜剥皮拍扁切蒜末。

4 香葱去根须，洗净；切5厘米左右长段。

5 取一个盘，盘底均匀铺上切好的姜丝、蒜末。

6 再将腌制好的鳕鱼段整齐地放在姜丝、蒜末上。

蒸制

7 蒸锅入适量水，放入准备好的鳕鱼段，大火蒸至上汽后继续蒸10分钟。

调味

8 蒸好的鳕鱼段取出，放上葱段，淋上蒸鱼豉油即可。

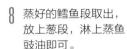

烹饪秘籍

鳕鱼一般都是切块冷冻的，选购鳕鱼时，冰薄、鳕鱼块圆润、肉质较厚的才是上选。

百搭腐乳
腐乳鱼条

时间
30分钟

难度
低

主料 草鱼 1 条（600 克左右）│青豌豆 50 克
辅料 食用油 30 克│盐 3 克│红腐乳汁 25 毫升
大葱 1 根│生姜 1 小块│料酒 2 汤匙
白糖 1 茶匙│香油 1 茶匙

腐乳作为一种豆制品，经过霉菌的发酵，时间的养成，再加以各种调料，竟成就了一种异常百搭的味道。无论是早餐时与白粥、主食佐食、还是在烹饪中作为调味品，经过时间酝酿的咸鲜味，是不论与素食或者鱼肉都非常搭配的美味。

做法

准备

1 草鱼刮去鱼鳞挖出内脏清洗干净，去鱼头、鱼尾，只用中段的鱼肉。

2 鱼肉从鱼背中间分成两半，剁成3厘米宽的鱼条，加少许盐腌大约20分钟。

3 大葱去皮清洗干净，先竖着从中间剖开，再切成5厘米长的段。

4 生姜清洗干净，切成片，将红腐乳中的腐乳汁倒出适量在一个小碗中备用。

蒸制

5 将用盐腌过的鱼条用清水冲洗掉多余的盐分，沥干后加入大葱、生姜、料酒。

6 起蒸锅烧开水后，用大火将鱼蒸制约10分钟，取出凉凉后，将鱼条整齐码放在盘子内。

调味

7 起锅倒入适量的油，烧至八成热时放入青豌豆炒熟后铲起，均匀地放在码好的鱼条上。

8 在有腐乳汁的小碗中加入白糖、香油调匀，最后淋在鱼条上即可。

烹饪秘籍

蒸鱼的时候要注意时间，时间短了鱼不熟，时间长了鱼肉就老了口感不好，以用筷子戳鱼没有血水而鱼皮不裂开为最佳。

少刺多肉，鲜美肥嫩
葱香带鱼

时间
50 分钟

难度
中

主料　带鱼 700 克
辅料　细香葱 50 克｜老姜 3 片
　　　生抽 1 汤匙｜料酒 1 茶匙｜盐 1 茶匙

做法

准备

1 带鱼洗净后切成大段。

2 带鱼用料酒、生抽、盐拌匀后，腌制20分钟。

3 细香葱洗净，大部分切成长段，小部分切成葱花。

4 腌制好的带鱼沥去多余的水分，放入盘中，放入姜片、葱段。

蒸制

5 蒸锅内水烧开，放入菜盘，大火蒸15分钟。

6 蒸好后的带鱼撒上葱花即可。

带鱼除了一根主刺外，很少有刺，吃起来很方便。带鱼肉质肥美鲜嫩，用料酒和生姜去除其本身的腥气，只剩鲜香。

烹饪秘籍

带鱼的腌制时间不宜过长，否则肉会散掉。

主料　鲳鱼 2 条（约 400 克）｜姜片 4 片
　　　葱结（小）2 个｜葱丝 2 汤匙
　　　姜丝少许
辅料　料酒 1 汤匙｜盐 1/2 茶匙
　　　白胡椒粉少许｜蒸鱼豉油 1 汤匙
　　　植物油 1 汤匙

越简单越美味
葱油蒸鲳鱼

时间
30 分钟

难度
低

做法
准备

将鲳鱼处理干净，擦
干水，在鱼身上划上
几刀。

1

用盐、白胡椒粉、料
酒、葱结、姜片腌制
15分钟，使之入味。

2

蒸制

将鲳鱼充分擦干（包
括鱼肚内），装入鱼
盘中。

3

将蒸锅中的水烧沸，
待蒸锅上汽，入蒸锅
大火蒸6分钟左右，
取出。

4

调味

将鱼盘内的汤汁倒
掉，淋入蒸鱼豉油，
摆上葱丝和姜丝。

5

将植物油放入小锅中
加热，淋在葱姜丝上
即可。

6

鲳鱼味美而刺少，做法多样、肉质
细嫩，满足了我们对海鱼的所有期
待，经典的清蒸法子，用热油将葱姜的香气
激发出来，简单就很美味。

烹饪秘籍

这种做法也适合黄鱼、带鱼等海鱼。

141

黑白配
香菇蒸鱼滑

时间
15分钟

难度
中

主料　龙利鱼肉 200 克｜猪肥膘 50 克
　　　蛋清 1 个
辅料　盐 1/2 茶匙｜白胡椒粉少许｜淀粉少许
　　　葱花 1 汤匙｜鲜香菇 8 朵｜生抽适量

自己打的鱼滑细腻而富有"空气感"，酿在黑色的底座上，就成了一道美好的宴客蒸菜。

做法

准备

1　将龙利鱼和猪肥膘切成块。

2　将龙利鱼、猪肥膘放入搅拌机中搅成蓉。

3　将鱼蓉放入大碗中，加入盐、白胡椒粉顺着同一方向搅打上劲。

4　加入蛋清和淀粉搅打至顺滑，加入葱花拌匀制成鱼滑。

装盘

5　鲜香菇洗净，剪去根蒂。

6　将做好的鱼滑酿入香菇中。

蒸制

7　将蒸锅中的水烧沸，待蒸锅上汽，大火蒸 8 分钟，取出装盘。

8　蘸生抽碟食用。

烹饪秘籍

可以用虾仁代替鱼肉，制成虾滑。

丰美多汁、满口鱼香
鱼香油面筋

时间
40 分钟

难度
高

主料 鱼肉 200 克｜油面筋 10 个
新鲜香菇 5 朵

辅料 盐 1 茶匙｜料酒 1 茶匙｜姜蓉 1 茶匙
黑胡椒粉 1/2 茶匙｜鸡精少许
淀粉 1 茶匙｜生抽 1 茶匙｜葱花少许

做法

准备

1 鱼肉剁成肉糜、加入盐、料酒、姜蓉、黑胡椒粉、鸡精搅拌均匀。

2 香菇洗净去蒂，剁成碎末，加入到鱼肉馅中搅拌均匀。

蒸制

3 油面筋用筷子戳开1个口，将鱼肉馅填进去，整齐摆放在盘中。

4 蒸锅内水烧开，放入菜盘，大火蒸15分钟。

在蒸制的过程中，油面筋吸收了鱼肉的鲜美汤汁，口感变得柔软有韧劲。

调味

5 另取一口锅，倒入少许白开水，加入淀粉搅拌均匀。

6 在水淀粉中加入生抽、葱花，调成汤汁，浇在蒸好的油面筋上即可。

烹饪秘籍

① 可在超市购买整包成品油面筋。

② 鱼肉可以用猪肉、牛肉等其他肉类代替，举一反三，做成其他菜品。

主料　净鱼肉 200 克｜金针菇 50 克
　　　胡萝卜丝 50 克｜木耳丝 50 克
　　　橄榄菜适量
辅料　盐 1/2 茶匙｜白胡椒粉少许
　　　蛋清 1/2 个｜料酒 1 茶匙
　　　水淀粉 1 汤匙

精致宴客蒸菜
三丝鱼卷

时间
30 分钟

难度
中

做法

准备

将净鱼肉洗净，切成
大片。 **1**

将鱼肉片放入大碗
中，加入盐、白胡椒
粉、蛋清、水淀粉、
料酒搅拌均匀，静置
5分钟使之入味。 **2**

将金针菇、木耳丝、
胡萝卜丝切成等长
的丝。 **3**

装盘

将鱼肉铺在菜板上，
放上金针菇、木
耳丝、胡萝卜丝卷
成鱼卷。 **4**

蒸制

将蒸锅中的水烧沸，
待蒸锅上汽，放入蒸
锅中大火蒸5分钟，
取出。 **5**

装盘，点缀上橄榄菜
即可。 **6**

一改蒸鱼的原始做派，鲜嫩的鱼片
包裹色彩鲜明的蔬菜丝，鲜味互相
融合，无须过多的调味，即可品尝到食材自
身的美好味道。

烹饪秘籍

净鱼肉建议选草鱼、鲈鱼、
龙利鱼等白色细致的鱼肉。

鲜嫩爽口，清爽好看
黑胡椒鱼香塔

时间 50 分钟　　难度 高

洁白鲜嫩的鱼肉，搭配翠绿爽口的西蓝花，利用模具做出整齐鲜明的摆盘造型，不但营养健康，而且清爽好看。

主料　草鱼 1 条 | 西蓝花半朵

辅料　盐 1 茶匙 | 黑胡椒粉 1 茶匙 | 葱花少许
　　　淀粉适量 | 生抽 1 茶匙 | 鸡精少许

营养贴士

西蓝花的口感脆嫩、富含多种维生素和膳食纤维，不但爽口好吃，又低卡饱腹，适合健身减脂、对健康养生有高要求的人群。

做法

准备 ➜ 蒸制

1　草鱼洗净，去皮、去骨刺，将鱼肉剁成细细的鱼蓉。

2　鱼蓉中加入盐、黑胡椒粉、葱花，搅拌均匀。

3　加入适量淀粉，搅拌上劲，形成有黏性的、可以用手捏成形的黑椒鱼蓉。

4　西蓝花洗净，掰成小朵，入开水中焯熟，沥干水分备用。

5　取圆柱形模具，将黑椒鱼蓉填满后，扣在一个大盘中，整齐摆好。

6　蒸锅内水烧开，将菜盘放入，大火蒸20分钟，取出。

装盘

7　将西蓝花摆在鱼肉塔上进行装饰。

8　另取一口锅，加入少许开水，加入少许淀粉、鸡精搅拌均匀，加入生抽，制成浓稠的汤汁，浇在鱼肉塔上即可。

烹饪秘籍

① 购买草鱼时，可以请商家帮忙处理鱼肉。

② 也可以购买市售的成品鱼肉，或用其他鱼类代替。

③ 喜欢吃辣的可以在鱼肉中拌入辣椒粉。

酸辣开胃的经典湘菜
剁椒蒸鱼头

时间 60 分钟

难度 高

主料 鳙鱼鱼头 1 个（700 克左右）
　　　剁椒 100 克（带汤水）
辅料 盐 1 茶匙｜料酒 1 汤匙
　　　黑胡椒粉 1 茶匙｜白酒 1 汤匙
　　　大蒜 5 瓣｜葱段 20 克｜姜丝 20 克
　　　蒸鱼豉油 1 茶匙｜葱花少许
　　　植物油 1 汤匙

做法

准备

1　鳙鱼鱼头对半切开，
　　洗净，用盐、料酒、
　　黑胡椒粉腌制20
　　分钟。

2　剁椒中加入白酒搅拌
　　均匀；大蒜用刀背拍
　　碎、去皮备用。

蒸制

3　取一个大盘，垫入葱
　　段、大蒜、姜丝，放
　　上腌制好的鱼头，最
　　上层均匀码上剁椒。

4　蒸锅内水烧开，放
　　入菜盘，大火蒸20
　　分钟。

调味

5　蒸好的鱼头淋上蒸鱼
　　豉油，撒上葱花。

6　另取一口锅烧热，倒
　　入植物油，烧至冒
　　烟，趁热浇到鱼头上
　　即可。

剁椒的酸辣经过蒸制之后，完美地
融合到鲜嫩的鱼头中，开胃过瘾。
吃完鱼头后的鱼汤也别浪费，下入面条饱
腹，更是完美。

烹饪秘籍

① 要购买鳙鱼鱼头，普通的鱼头太
小，肉少，不适合做这道菜。

② 剁椒内含有盐分，因此鱼头腌制
好后，不需要在烹饪过程中再放盐。

③ 最后加热的植物油一定要烧至冒烟，浇到鱼头
上才香。

④ 吃完后的鱼头汤汁，味道酸辣浓郁，用来拌面
非常好吃。

青口的肉质肥美、鲜嫩细滑。配以白酒去腥提鲜，用九层塔出众的香味进行调味，口感清香、回味无穷。

时间
20 分钟

难度
中

主料　青口贝 500 克
　　　九层塔 1 小把（约 20 克）
辅料　蒜蓉 1 茶匙｜黑胡椒粉 1 茶匙
　　　盐 1/2 茶匙｜白酒 1 汤匙

做法

准备

1　青口解冻后，用刷子将外壳洗刷干净，沥干水分备用。

2　九层塔择去粗梗，洗净备用。

3　将沥干水分的青口放入盘中，撒上蒜蓉、盐，淋上白酒拌匀。

蒸制

4　蒸锅内水烧开，放入菜盘，大火蒸 10 分钟。

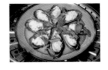
5　打开锅盖，撒上九层塔，继续大火蒸 2 分钟。

6　蒸好后的青口，撒上黑胡椒粉进行调味即可。

烹饪秘籍

① 白酒是比较好购买的配料，如果有白兰地则更佳。
② 冰鲜青口一般在超市冷冻区都有售卖。

鲜美异常、芬芳满溢
酒蒸蛤蜊

⏱ 时间 40分钟   🔥 难度 高

 蛤蜊肉质弹牙、鲜美滑嫩，配以酒蒸之后，香气浓郁醉人，更为鲜美可口。

主料 花蛤 700 克 ｜ 清酒 50 毫升
辅料 大蒜 5 瓣 ｜ 干红椒 2 根 ｜ 姜末 20 克
　　　 盐 1/2 茶匙 ｜ 植物油 1 汤匙
　　　 葱花 20 克

做法

准备

1 花蛤用清水搓洗干净，浸泡在清水中，加入盐、滴入两滴植物油、静置2小时，让花蛤吐沙。

2 干红椒切成两段，挤出辣椒子；大蒜用刀背拍碎，去皮备用。

调味

3 锅内加入植物油烧热，将干红椒、大蒜和姜末爆香，盛出备用。

4 浸泡好的花蛤，沥干水分，放入碗中，放上爆好的作料，倒入清酒。

蒸制

5 蒸锅内大火烧开，放入菜碗，大火蒸15分钟，至花蛤的壳全部受热爆开。

6 蒸好后的花蛤，撒上葱花即可。

烹饪秘籍

① 花蛤肉质肥厚，个头比较大，如果买不到花蛤，可以用其他的蛤蜊代替。

② 购买花蛤的时候，选择花蛤肉伸出贝壳外的、在吐水的最新鲜。

③ 菜谱使用的是日本清酒，也可以用中国的米酒、花雕酒代替，如果是白酒，则把分量降低到20毫升即可。

④ 蒸好后的花蛤，如果壳是关闭，没有自动打开，就不要吃了，这表示花蛤不新鲜了。

每年10月左右，秋风徐徐、菊花清香，酌以黄酒，清蒸一屉膏脂丰美的大闸蟹，实在是最好的口福。大闸蟹一定要选鲜活的，死掉的不论在营养、口感上都大打折扣。螃蟹虽美味，但性寒，需要配姜驱寒，而孕妇及体虚、体寒者不宜食用。

秋风起、蟹脚痒
清蒸大闸蟹

时间 40 分钟　难度 低

主料　大闸蟹 4 只
辅料　细香葱 1 小把（约 20 克）
　　　老姜 1 块（约 50 克）| 香醋适量

做法
准备

购买鲜活的大闸蟹。 1

不要解开绑好的绳子，直接用刷子将螃蟹洗刷干净，螃蟹肚子上的一块可以揭开的三角形壳也要打开刷干净，这是比较容易藏泥沙的部位。 2

细香葱洗干净，整根绕一圈打成葱结；老姜削皮，取一半切大片，一半切成姜蓉。 3

蒸制

蒸锅内水烧开，将洗刷好的螃蟹放进蒸锅，放上葱结和姜片，大火蒸10~15分钟。 4

将香醋和姜蓉拌匀，调成酱汁，吃螃蟹的时候蘸着吃即可。 5

烹饪秘籍

① 大闸蟹性寒，不宜过量食用，而生姜能帮助驱寒，一定要搭配起来吃。
② 蒸螃蟹的时间不要过久，蒸过头肉就懈掉了。

造型可爱、蒜香浓郁
蒜蓉扇贝

时间
40分钟

难度
高

主料 扇贝 10 个 | 干粉丝 80 克
辅料 料酒 1 茶匙 | 橄榄油 1 汤匙
　　　大蒜 10 瓣 | 蒸鱼豉油 1 茶匙
　　　盐 1 茶匙 | 葱花适量 | 胡椒粉少许

做法

准备

1 将扇贝肉从壳中取出，洗净后用料酒腌制10分钟；扇贝壳刷干净备用。

2 粉丝用温水浸泡半小时，沥干水分备用；大蒜切成蒜蓉。

调味

3 锅内放入橄榄油烧热，放入蒜蓉小火炒香，盛出。

4 炒好的蒜蓉加入蒸鱼豉油、盐、葱花搅拌均匀，制成蒜蓉汁。

5 将泡好的粉丝分成10份，放入扇贝壳中，铺上腌制好的扇贝肉。

6 将蒜蓉汁均匀浇在每一个扇贝肉上，放入盘中摆好。

蒸制

7 蒸锅内水烧开，放上菜盘，盖上锅盖，大火蒸10分钟。

8 蒸好的扇贝撒上少许胡椒粉调味即可。

 调味的大蒜炒香后香浓扑鼻，铺在扇贝上进行蒸制，使得蒜香味一层层浸透至扇贝、粉丝当中，而粉丝完美地吸收了蒜香和扇贝汤汁的鲜甜，细滑爽口。

烹饪秘籍

购买扇贝的时候请商家帮忙开壳，处理干净。也可以在超市购买冰鲜扇贝。

造型华丽大气，适合待客。龙虾肉质鲜嫩、紧实弹牙，在放入多种调料蒸制后，香味浸透至肉中，非常美味。

豪华的待客大餐
蒜蓉蒸龙虾

时间 60 分钟　难度 高

主料 中等大小的龙虾 1 只
辅料 植物油 1 汤匙｜蒜蓉 50 克｜盐 1 茶匙
生抽 1 茶匙｜淀粉 1 汤匙
黑胡椒粉少许｜葱花少许

做法

准备

1 龙虾对半剖开，去除虾线和胃囊，剪去虾须和虾螯。

2 锅内放入植物油烧热，放入蒜蓉炒至金黄焦香，盛起备用。

调味

3 将生抽、盐均匀地抹在龙虾肉上。

4 在龙虾肉上均匀撒淀粉、铺上蒜蓉，最上层撒葱花。

蒸制

5 蒸锅内水烧开，放入菜盘，大火蒸15~20分钟。

6 在蒸好的龙虾上撒黑胡椒粉即可。

烹饪秘籍

① 选择个头中等的龙虾，2斤左右的即可。
② 虾螯可以用来煮粥或者熬汤，不要浪费了。

153

餐盘中的水墨画
太极海鲜蒸

时间
60 分钟

难度
高

墨鱼肉弹牙筋道，龙利鱼细嫩肥美，一黑一白对比强烈，作为创意菜，摆盘很美观。

烹饪秘籍

① 选择薄一点的S型的不锈钢模具，以免蒸好后取出造成比较大的空隙。
② 可以用其他白色鱼类代替龙利鱼，比如草鱼、鲈鱼等。

主料 墨鱼 150 克 | 龙利鱼 150 克
鸡蛋 2 个

辅料 盐 1 茶匙 | 黑胡椒粉 1 茶匙
姜蓉 1 茶匙 | 淀粉 1 茶匙
料酒 2 茶匙 | 生抽 1 茶匙
枸杞子 2 颗 | 植物油少许

做法

准备

1 墨鱼、龙利鱼分别剁成肉糜，分开装成两份。

2 每一份鱼肉分别加入一半的盐、植物油、黑胡椒粉、姜蓉、淀粉、料酒搅拌均匀。

装盘

3 鸡蛋打散，按照1：1的比例，在蛋液中加入清水，分成两份，加入两种鱼肉馅中，搅拌均匀。

4 取一个盘子，一个S型的分隔模具，将两种鱼肉馅分别填进去。

蒸制

5 蒸锅内水烧开，放入菜盘，大火蒸20分钟。

6 取出蒸好的鱼肉，拿出分隔模具后，淋上生抽，在两边鱼肉的中心处各摆上一颗枸杞子作为点缀即可。

主料　新鲜大虾 400 克｜大白菜叶 5 片
辅料　料酒、生抽、盐、淀粉、姜末、黑胡
　　　椒粉各 1 茶匙｜植物油 1 汤匙
　　　葱花少许

用叶子卷着吃的海鲜
白玉鲜虾卷

时间
50 分钟

难度
高

做法
准备

1　鲜虾洗净后去壳，去掉虾线，将虾仁剁成虾蓉。

2　虾蓉加入生抽、料酒、一半黑胡椒粉和一半盐，顺时针用力搅拌上劲。

3　大白菜去掉白菜帮，留下菜叶，放入开水中焯到稍微变软，沥干水分，切成宽度为七八厘米的长条形。

4　将搅拌好的虾蓉卷进白菜里裹好，整齐放入菜盘中。

蒸制

5　蒸锅内水烧开，放入菜盘，大火蒸10分钟。

鲜嫩脆爽的白菜叶在蒸制后变得晶莹剔透，虾仁裹在菜叶中，若隐若现，隐隐透出新鲜粉嫩，汤汁鲜美欲滴，诱人食欲。

调味

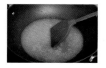

6　另取一口锅，倒入植物油烧热，放入姜末炒香，加入100毫升开水烧开，加入淀粉搅拌均匀，撒上剩余盐，形成黏稠的汤汁。

7　在汤汁中撒入葱花和剩余黑胡椒粉，浇至蒸好的虾仁卷上即可。

烹饪秘籍

① 白菜叶在焯水的过程中，不要时间过长，感觉到叶子发软即可，作用是让叶子在卷虾蓉的时候韧劲更好，不易折断。

② 如果在裹虾蓉的时候，叶子容易散开，也可以用牙签插入中间固定，蒸好后取出即可。

嫩滑多汁的豆制品大餐
鲜虾豆腐煲

⏱ 时间 **50分钟**　　🔥 难度 **中**

经过蒸制，大虾鲜美的汤汁完全浸入到底部的豆腐当中，豆腐细腻顺滑，大虾鲜甜美味，忍不住就想搭配米饭或者面条，美美地吃上一顿。

主料　新鲜大虾 300 克 | 豆腐 500 克
辅料　料酒 1 茶匙 | 盐 1 茶匙
　　　　白胡椒粉少许 | 老姜 3 片
　　　　生抽 1 茶匙 | 葱花少许

做法

准备

1　新鲜大虾洗净后剪掉虾须，去掉虾线。

2　处理好的大虾用料酒、盐、白胡椒粉腌制10分钟。

3　豆腐沥干水分，切成稍厚的方片。

4　将豆腐方片垫入碗内底部，上面放上腌制好的大虾，淋生抽、摆姜片。

蒸制

5　蒸锅内倒入清水，放入菜盘，大火将水烧开后，转中火 蒸30分钟。

6　蒸好后的豆腐煲上撒葱花装饰即可。

烹饪秘籍

① 可以根据个人喜好选择豆腐，老豆腐、嫩豆腐都可以。
② 喜欢吃辣的可以放上几根小米辣，或在豆腐那一层撒一些辣椒粉。

主料　嫩豆腐 1 盒｜虾仁 12 个
辅料　熟青豆 10 克｜胡萝卜 50 克
　　　生抽 1 汤匙｜料酒 1 汤匙｜浓汤宝 8 克
　　　香葱 1 根｜白糖 1 克｜盐适量

蒸菜首选
豆腐蒸虾仁

⏱ 时间
30 分钟

🌶 难度
低

做法

准备

1　虾仁洗净、去沙线，加生抽、料酒、少许盐腌制20分钟。

2　嫩豆腐取出，切成1厘米见方的块；胡萝卜洗净、去皮、切末；香葱洗净、去根、切碎。

3　浓汤宝加30毫升开水，放入白糖、少许盐搅匀，溶化成汤汁。

调味

4　豆腐块、虾仁盛在同一容器中，撒入熟青豆和胡萝卜末。

5　将汤汁均匀地淋在食材上，稍微翻拌一下。

蒸制

6　蒸锅加适量清水烧开，将豆腐虾仁放入蒸屉上蒸10分钟至熟，取出后撒入香葱末即可。

🍲　想做蒸菜，就来这道豆腐蒸虾仁，鲜嫩可口、营养丰富、简单易学，保证零失败，几分钟就能学会。

烹饪秘籍

① 这道菜蒸的时间不要太久，否则虾仁和豆腐变老会影响口感。

② 选取嫩豆腐口感更顺滑。

无刺无烦恼
剁椒蒸虾饼

时间
20 分钟

难度
中

主料　虾仁 200 克｜蛋清 1/2 个
　　　青菜 6 棵（约 100 克）｜剁椒 1 汤匙
辅料　料酒 2 茶匙｜淀粉适量｜盐少许
　　　蚝油 1 茶匙｜生抽 1 茶匙
　　　白砂糖 1/2 茶匙｜白醋 1/2 汤匙
　　　姜末 1/2 茶匙｜蒜末 2 茶匙｜葱花 1 茶匙

在湘菜馆里每次必点剁椒鱼头，咸辣之味越吃越停不下来，可鱼刺着实恼人，索性用无刺的虾饼代替，没有吐鱼刺的烦恼，吃起来更过瘾。

做法

准备

1 将虾仁处理干净，挑掉虾线。

2 将虾仁用刀背剁成蓉。

3 将虾蓉放入大碗中，加入蛋清、料酒、盐，用力搅拌，使之上劲。

4 加入淀粉继续搅拌。

装盘

5 将虾泥充分摔打，排净空气，团成饼状，放入盘中。

6 将剁椒、蚝油、生抽、白砂糖、白醋、蒜末、姜末调成剁椒酱，涂在虾饼上。

蒸制

7 将蒸锅中的水烧沸，待蒸锅上汽，放入蒸锅中大火蒸5分钟。

8 摆上青菜继续蒸2分钟，取出。

9 撒上葱花即可。

烹饪秘籍

① 可以在虾仁中加入适量龙利鱼肉、青鱼肉等，增加风味。
② 还可加入荸荠、莲藕等清脆口感的食材。

原汁原味
蒸三鲜

时间 15分钟
难度 中

主料	鱼丸 6 个｜午餐肉 100 克
	基围虾 100 克｜白菜 100 克
辅料	姜丝少许｜高汤 100 毫升
	白胡椒粉少许｜盐 1/2 茶匙

做法

准备

1 将白菜洗净，切成块，放入深碗中。

2 基围虾剪去虾须，挑去虾线。

3 午餐肉切成厚片。

蒸制

4 将鱼丸、基围虾、午餐肉摆在白菜上。

5 将高汤、姜丝、白胡椒粉、盐混合均匀，淋在深碗中。

6 将蒸锅中的水烧沸，待蒸锅上汽，入蒸锅大火蒸8分钟，取出即可。

 多种荤素食材一同蒸制，众多滋味合为一体，原汁原味，浑然天成。

烹饪秘籍

可以增加香菇片、青菜、冬笋片等蔬菜，荤素搭配，营养更均衡。

Chapter

4

主食篇

莲叶何田田
荷叶腊味蒸饭

 时间
60分钟

 难度
中

主料　大米 100 克｜腊肠 50 克｜腊肉 50 克
香菇 4 朵｜干荷叶 2 张｜姜丝少许
蒸鱼豉油 1 汤匙

清香的荷叶之下，米粒浸润着腊味的香气与油脂，珍藏着香菇的鲜美，每一口都是惊喜。

做法

准备

1 将大米洗净，提前用清水浸泡1小时，控干水分。

2 将腊肉和腊肠切成片。

3 将香菇洗净，切成厚片。

4 将干荷叶用开水烫软备用。

制作

5 将荷叶铺在碗中，依次码上大米、香菇、腊肠、腊肉、姜丝，加入没过食材的清水。

6 用牙签将荷叶封口。

蒸制

7 将蒸锅中的水烧沸，待蒸锅上汽，将荷叶饭放入蒸锅中蒸30分钟左右。

调味

8 取出装盘，食用前去掉牙签，淋上蒸鱼豉油即可。

烹饪秘籍

可以在食用前撒上少许葱花，味道更好。

精致可爱的田园风味
山药蔬菜球

🕐 时间
40分钟

🔥 难度
中

主料 铁棍山药 200 克 | 胡萝卜 30 克
菠菜 30 克

辅料 盐 1 茶匙 | 黑胡椒粉 1/2 茶匙
鸡精少许

做法

蒸制

1　山药洗净，去皮，切段，上蒸锅大火蒸20分钟，至山药熟透，用筷子能轻松扎进去即可。

2　山药用料理机或者手工打成泥状，不需要太细腻，可略微留有一些颗粒状。

准备

3　胡萝卜洗净、切成丝；菠菜洗净，切段，分别用滚水焯熟，过凉水冷却。

4　凉好的胡萝卜和菠菜挤干水分，都切成碎末。

🍚 山药粉糯香甜，搭配脆爽的胡萝卜，口感层次丰富。

装盘

5　将山药泥、胡萝卜和菠菜放入同一个盆中，加入盐、鸡精、黑胡椒粉搅拌均匀，制作成山药蔬菜泥。

6　将山药蔬菜泥捏成一个一个的丸子，整齐摆入盘中即可。

烹饪秘籍

① 可以将山药蒸熟后再剥皮，不仅易剥，而且不会手痒。
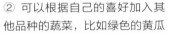
② 可以根据自己的喜好加入其他品种的蔬菜，比如绿色的黄瓜（生的即可）、黄色的南瓜、紫色的紫甘蓝等，都可以让山药球看起来更好吃。

荷叶将所有的食材裹得紧紧的，经过蒸制之后，糯米完全吸收了荷叶的清香和腊肠的脂香，软滑香糯，而香菇仍然带有韧劲，板栗香甜粉糯，口感层次如此丰富，令人回味无穷。

主料 糯米 50 克｜腊肠 50 克｜干香菇 5 朵
板栗 3 颗
辅料 干荷叶 1 张｜酱油 1 茶匙｜葱花少许

夏日荷塘带来的扑鼻清香
荷叶糯米团

时间
90 分钟

难度
中

做法

准备

1 糯米提前一晚浸泡，干荷叶用清水泡软，香菇用清水浸泡1小时至软。

2 腊肠切成小方丁；香菇切碎；板栗剥壳，取出板栗仁备用。

3 将浸泡好的糯米沥干水分，加入酱油搅拌均匀。

4 放入腊肠丁、香菇、板栗、葱花，搅拌均匀，制成糯米馅料。

蒸制

5 将荷叶摊开，放入制作好的糯米馅料，裹紧，封口处向下压在下面。

6 蒸锅内水烧开，中火蒸40分钟即可。

烹饪秘籍

① 腊肠本身含有盐分，因此糯米中不需要再加盐。

② 腊肠可以用其他肉类代替，比如鸡肉或者是猪五花肉（非腊制品需要适当加入盐腌制10分钟）。

③ 裹荷叶的时候，需要注意力度适中，太用力荷叶容易破损，太松散，糯米饭团蒸出来后不成形。

165

将丰收的喜悦装进盘中

高纤五谷杂粮蒸

时间
40 分钟

难度
低

主料　玉米 1 根｜紫薯 1 个｜花生 100 克(带壳)
铁棍山药 100 克｜小土豆 200 克

多吃粗粮能促进肠胃的运动和营养的吸收，补充平时吃食太过精细导致的营养缺乏。这些五谷杂粮极易被人体吸收，而且装在一个盘中，看着丰富喜庆，很有田园特色。

做法

准备　　　　　　　　　　　　　　　　　　### 蒸制

1 所有的食材都洗净，玉米切成三节、紫薯切成大块、山药切成中等长段。

2 所有的食材放在蒸笼里，摆放整齐。

3 蒸锅内水烧开，将蒸笼放进去，大火蒸30 分钟，用筷子插进紫薯或者土豆中，能轻松插到底，就表示熟了。

4 将蒸笼拿出来，不要闷在蒸锅当中，水蒸气容易使食材回软。

烹饪秘籍

可以加入自己喜欢的杂粮食材，比如芋头、干红枣、荸荠等，都很好吃。

主料　糯米 300 克 ｜ 饺子皮 150 克
辅料　袋装冬笋 150 克 ｜ 玉米粒 30 克
　　　香葱 1 根 ｜ 生抽 2 汤匙 ｜ 蚝油 2 汤匙
　　　五香粉 2 克 ｜ 盐适量

蒸一锅，全吃掉
糯米素烧卖

时间
60 分钟

难度
高

做法

预蒸制

糯米淘洗净，提前浸泡一两个小时。　**1**

蒸锅中加适量清水烧开，蒸屉上铺好蒸布，再将糯米摊在蒸布上，上锅大火蒸熟。　**2**

焯煮

冬笋和玉米粒分别放入开水中焯熟。　**3**

调味

焯好的冬笋切丁；香葱洗净，去根，切碎。　**4**

将熟糯米、冬笋丁、玉米粒、香葱碎放入同一容器中，加生抽、蚝油、五香粉、适量盐搅拌均匀成馅料。　**5**

蒸制

取适量拌好的馅料放入饺子皮中，包成烧卖，然后放入蒸锅中，大火蒸8分钟即可。　**6**

晚上不吃点饭总觉得睡不踏实，吃太多肉又影响健康，来份素烧卖咋样？香糯爽嫩，健脾养胃，其实早上吃也可以啦！

烹饪秘籍

① 包烧卖的馅料要比平时包饺子的馅料多一些。
② 市售的饺子皮偏厚，使用前可以再擀薄、擀大一些，如果时间充足可以自己做烧卖皮。

如花似玉列满盘
蒸烧卖

时间
20 分钟

难度
低

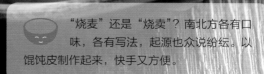
"烧麦"还是"烧卖"？南北方各有口味，各有写法，起源也众说纷纭。以馄饨皮制作起来，快手又方便。

主料　馄饨皮 300 克 | 猪肉 150 克
　　　圆白菜 500 克 | 胡萝卜 1 根 | 木耳 5 朵
　　　鲜香菇 3 个 | 糯米 150 克
辅料　盐 3 克 | 生姜 1 块 | 小葱 2 根
　　　橄榄油 5 毫升 | 鸡精 3 克 | 白糖 1 茶匙
　　　鸡蛋 1 个

营养贴士

这道主食富含碳水化合物、蛋白质、维生素及多种矿物质，营养全面，也易于消化吸收。

做法

准备 ➡

1　木耳提前泡发好，清洗干净切成碎粒；圆白菜、胡萝卜、香菇均清洗干净切成碎粒，单独留一小勺胡萝卜丁备用。

2　生姜洗净切成末，小葱洗净切成末。糯米洗净后用温水泡涨，沥干水分后备用。

蒸制 ⬅

8　起蒸锅，倒水烧开后，将做好的烧卖放在蒸屉上，蒸制20分钟左右即可。

烹饪秘籍

肉馅搅拌均匀后加入蔬菜，并滴入橄榄油，可以锁住蔬菜中的水分，让烧卖的馅儿更加爽口。

制作

3　猪肉去皮洗净后先切成小丁，再剁成肉末。

4　剁好的肉末放入盆中，加入鸡蛋，用筷子顺着一个方向搅拌均匀，直至肉馅上劲。

5　肉馅中加入姜、葱、橄榄油、木耳、香菇、圆白菜、胡萝卜丁、糯米搅拌均匀。

6　在肉馅中根据个人口味加入盐、鸡精、白糖拌匀调味，烧卖的馅就完成了。

7　将肉馅放在馄饨皮中间，将每个馄饨皮的周围向中间折起封口，口封好了用一粒单独留出的胡萝卜丁作装饰点缀。

晶莹剔透、鲜嫩弹牙
水晶虾饺

⏱ 时间
60 分钟

🔥 难度
高

水晶虾饺是经典的广东茶楼点心，澄粉做成的饺皮晶莹剔透、包裹进去的虾仁隐约透着粉色，吃起来爽滑弹牙，美味营养。

主料 澄粉 100 克｜淀粉 30 克
虾仁 50 克｜猪五花肉 50 克

辅料 植物油 2 茶匙｜葱花 20 克
料酒 2 茶匙｜姜末 2 茶匙｜盐 1 茶匙
酱油 1 茶匙

做法

准备

1 澄粉和淀粉混合均匀，将开水慢慢分次倒入，用筷子迅速搅拌均匀。

2 加入植物油，用手将面团揉捏均匀至光滑，包上保鲜膜备用。

3 虾仁加入1茶匙料酒、1茶匙姜末，腌制15分钟。

4 五花肉剁成肉糜，加入1茶匙料酒、1茶匙姜末、酱油、盐、葱花，用力搅拌上劲。

制作

5 面团分割成均匀的小的剂子，擀成面皮。

6 面皮包入猪肉馅，中间放一个虾仁，用包饺子的手法，包成形。

蒸制

7 蒸锅内水烧开，将虾饺放入蒸笼，大火蒸15分钟即可。

烹饪秘籍

① 澄粉是制作虾饺皮的关键，不可以替换。
② 喜欢吃虾仁的，可以减少或者不放五花肉，根据自己的口感喜好增加虾仁的分量。
③ 市售的冷冻虾仁可以让操作更为快速方便，如果有条件，用新鲜的大虾，自己洗净，去头尾、虾线，做成新鲜的虾仁，口感更好。

主料 澄粉 150 克｜玉米淀粉 50 克
虾仁 100 克｜猪瘦肉 100 克
胡萝卜 100 克

辅料 小葱 1 根｜姜 2 片｜盐 1/2 茶匙
香油 1/2 茶匙｜料酒 1 汤匙
生抽 1 汤匙

做法

晶莹剔透惹人爱
水晶蒸饺

时间 60 分钟

难度 高

调馅

 1 胡萝卜洗净，一半切片，摆在蒸屉上备用，另一半切碎。

 2 猪瘦肉剁成肉末；虾仁去虾线、切大块；葱姜切碎。

 3 将切好的食材放一起，加盐、香油、料酒和生抽，顺一个方向搅匀成馅料。

制作

 4 把澄粉和玉米淀粉混合，倒入开水，边倒边搅拌，搅拌至没有干粉为止。

 5 将面团揉至表面光滑，盖上保鲜膜松弛 10 分钟。

 6 将面团搓成长条，分成均匀的小剂子，盖上保鲜膜以防风干变硬。

 7 取出小剂子，擀薄，放上馅料，包成饺子形状。

蒸制

 8 将包好的虾饺摆放在胡萝卜片上，水开后，上锅蒸 8~10 分钟，至饺子皮透明即可。

晶莹剔透的蒸饺，光看着就让人垂涎欲滴，咬一口更是味蕾的享受，每一口都能吃到大粒的虾仁，好吃到停不下来。

烹饪秘籍

① 面团风干会变硬，一定要全程盖保鲜膜。

② 饺子皮擀得越薄，做出的蒸饺越透明。

③ 饺子放胡萝卜片上蒸，可防止粘蒸屉，蒸熟可一起吃。

171

肉龙里面没有肉
蛋肉龙

时间 30分钟　难度 高

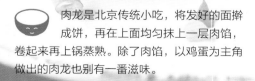

肉龙是北京传统小吃，将发好的面擀成饼，再在上面均匀抹上一层肉馅，卷起来再上锅蒸熟。除了肉馅，以鸡蛋为主角做出的肉龙也别有一番滋味。

主料 中筋面粉 300 克 | 鸡蛋 2 颗 | 香葱 2 根
辅料 盐 1 茶匙 | 酵母 1/2 茶匙 | 食用油适量

做法

准备 ────────────────→ **制作蛋皮** ──────────

1 将酵母倒入40毫升温水中，搅拌使其溶解。

2 将面粉倒入面盆中，加入酵母水，再加100毫升清水，揉成光滑面团。

3 揉好后擀成薄片，可以用刀修成长方形。

4 将鸡蛋打散，加盐搅拌均匀。香葱洗净、去根，切成葱花。

5 锅中刷油烧热，将蛋液烙成蛋皮。

6 长方形面皮刷少许油，铺上蛋皮，撒上葱花。

蒸制 ←──────── **制作面卷** ←────────

9 蒸锅烧开水，笼屉刷少许油，放上面卷，用中火蒸20分钟。

10 蒸好的蛋肉龙切段即可食用。

7 将面皮卷起。

8 做好的面卷放入盘中，盖上一层保鲜膜，放入冰箱冷藏备用。

烹饪秘籍

溶解酵母的水温度不宜过高，以不烫手为好。如果时间充裕，蒸好后可盖盖子静置5分钟再揭盖。

营养贴士

小麦粉富含碳水化合物，作为早餐食材，能很好地补充热量，而且经过发酵的面食非常容易消化，适合老年人食用。

满口的肉香
香肠卷

 时间
30分钟

 难度
中

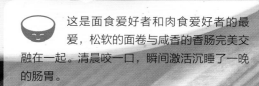

这是面食爱好者和肉食爱好者的最爱，松软的面卷与咸香的香肠完美交融在一起。清晨咬一口，瞬间激活沉睡了一晚的肠胃。

主料 中筋面粉 100 克｜香肠 4 根
辅料 酵母 1 克｜食用油少许

做法

制作面坯 ➡ 卷面

1 50毫升水、1克酵母放入盆中，搅拌均匀。

2 加入面粉，用筷子搅成絮状。

3 揉成面团，盖上干净的纱布，放到温暖的地方发酵1小时。

4 在案板上撒面粉，把面团分成等量4份。

5 把分好的面块搓长至30厘米。

6 将长条均匀地缠绕在小香肠上。

7 做好的香肠卷放入保鲜盒，放进冰箱冷冻。

蒸制

8 蒸锅放入冷水，蒸屉上刷少许油，把香肠卷码放在蒸屉上，大火烧开后转中火蒸15分钟，关火后闷5分钟即可出锅。

烹饪秘籍

如果用的是火腿肠，则需要对半切一下。面条的长度可以根据自有的香肠的长度来做调整。

馒头界的颜值担当
双色馒头

时间 120分钟　　难度 中

在北方，馒头是餐桌上的主食，几乎每天都在吃。今天换个花样，用紫薯来点缀下普通的馒头，瞬间提升颜值和味道，大人孩子都爱吃。

主料 面粉 300 克 | 紫薯 100 克
辅料 酵母粉 4 克 | 白糖 10 克

做法

预蒸制准备 ➡️ **制作**

1 紫薯洗净，去皮，切厚片，上锅蒸熟。

2 将蒸熟的紫薯用勺子压成细腻的泥，加白糖拌匀。

3 放至不烫手，加150克面粉、2克酵母粉、约50毫升清水，揉成光滑的面团。

4 接着做白面团：将剩余的面粉和酵母粉混合，加适量清水揉成光滑面团。

5 将揉好的两个面团放温暖处，发酵至2倍大。

6 取出发酵好的面团，排气，揉光滑，分别擀成约5毫米厚的大面片。

7 两个面片叠加在一起，从一端卷起来，切成10等份，两端的面团揉成圆馒头。

蒸制

8 将馒头坯放入蒸屉中，再次发酵半小时，开水上锅，中火蒸18分钟，关火再闷3分钟，取出即可。

烹饪秘籍

① 做紫薯面团时，慢慢加水至无干面粉，再揉匀即可。
② 两张面皮中间可抹点水，粘得会更紧。
③ 蒸好之后再闷几分钟，可防止馒头遇冷空气回缩。

难以抗拒的紫色诱惑
紫薯馒头

时间
120 分钟

难度
中

紫薯那抹梦幻的紫色，让人爱得着迷，把紫薯泥揉进面团中，看着一个个紫色馒头，美轮美奂，漂亮得让人舍不得吃。

主料　去皮紫薯 150 克｜面粉 300 克
辅料　牛奶 100 毫升｜白糖 15 克
　　　酵母粉 3 克

做法

预蒸制 ➡️ **制作面团**

1 紫薯放蒸锅中蒸熟，用筷子能轻松穿透就熟了。

2 趁热把白糖加入紫薯中，用勺子压成泥。

3 紫薯泥中加面粉和酵母粉，搅拌均匀。

4 将牛奶慢慢倒进去，边倒边搅拌至无干面粉。

5 揉成光滑的面团，放置温暖处发酵至2倍大。

6 案板上放少许干面粉，取出面团揉光滑。

7 将面团搓成长条，均分成10等份，揉成圆馒头。

蒸制

8 馒头放入蒸屉中，放温暖处醒发15分钟。

9 将蒸屉放入烧开水的蒸锅中，大火蒸20分钟。

10 关火后闷3分钟，取出紫薯馒头，即可享用。

烹饪秘籍

① 要将紫薯泥压得细腻一些，做出的馒头才会光滑。
② 不同的面粉吸水性不同，可自行调整牛奶的用量。
③ 紫薯也可换成红薯、南瓜。

外皮暄软，内馅香甜
豆沙包

时间
120 分钟

难度
中

咬开暄软的外皮，浓浓的红豆香扑鼻
而来，吃上一口面面的豆沙，心瞬间
被融化了。就像看见宝宝的微笑一样幸福，生
活就是这样，甜并幸福着。

主料　面粉 250 克｜红豆沙 250 克
辅料　酵母粉 3 克

做法

制作面团 ⟶　　　**制作**

1 酵母粉和面粉混合在一起，放入和面的盆中。

2 向面粉中缓缓加温水，边加边搅拌，直至所有面粉成絮状。

3 用手揉成光滑的面团，盖上盖子，放温暖处发酵至2倍大。

4 案板上撒少许干面粉，将面团揉光滑后搓成长条，分成15个剂子。

5 豆沙馅也均分成15等份，依次放在掌心揉圆。

6 剂子用手拍扁，豆沙馅放中间，包成圆包子形状，收口朝下揉圆。

蒸制 ◀

7 包好的豆沙包放入铺了屉布的蒸屉中，发酵至2倍大。

8 蒸屉放入烧开水的蒸锅中，中火蒸15分钟，关火闷3分钟出锅。

烹饪秘籍

① 夏天1小时内面团可能就发好了，冬天时间要长一些。

② 豆沙馅可买现成的，超市和网上都有卖，也可自己制作。

③ 蒸熟后再用余温闷几分钟，可防止豆沙包遇冷回缩。

中式甜品
红枣切糕

時间
10分钟

难度
中

小时候在上学路上经常听到红枣切糕的叫卖声，香甜的红枣配上软香的糯米，儿时的记忆总是美好的。喜欢吃切糕的小伙伴们，一起来试试吧。

主料 糯米 200 克 ｜ 红枣 100 克
辅料 白糖 1 汤匙

做法

准备

1 糯米和红枣提前浸泡 4小时以上。

2 将糯米控干水分，放入碗中。

预蒸制

3 蒸锅放水烧开，将糯米放进蒸锅。

4 蒸15分钟左右开盖，倒入适量开水，搅拌均匀。

5 再蒸15分钟。

装盒

6 取一个保鲜盒，在底部和两侧铺上一层保鲜膜。

7 底部铺上一层蒸好的糯米。

8 再放一层红枣，再铺一层糯米，直到把保鲜盒塞满，压紧放入冰箱冷藏备用。

蒸制

9 蒸锅放水烧开，放入切糕，大火蒸5分钟左右。

10 取出保鲜膜，切小块，撒上白糖即可。

烹饪秘籍

在切切糕的时候，可以在刀上抹点水，这样就不会粘刀了。

松软香甜，一看就会
南瓜发糕

 时间
120 分钟

 难度
中

用南瓜做发糕，不仅颜色漂亮，口感也更加香甜。做起来比蒸馒头还简单，松软香甜，好吃不上火。

主料　南瓜 150 克 ｜ 面粉 200 克
辅料　酵母粉 2 克 ｜ 牛奶 80 毫升
　　　白糖 20 克 ｜ 蔓越莓干 30 克 ｜ 油少许

做法

预蒸制 ⟶ **制作**

1 南瓜洗净，去皮，切厚片，放锅中蒸熟。

2 用勺子将南瓜压成泥，凉至温热不烫手。

3 蔓越莓干用温水泡发，切碎备用。

4 所有食材放一起，用刮刀翻拌均匀。

5 取一个深点儿的容器，内壁刷油，把发糕糊放进去。

6 振动容器，使发糕糊表面变平整，放温暖处发酵至2倍大。

蒸制 ⟵

7 放入烧开水的蒸锅中，中火蒸25~30分钟，关火后闷5分钟。

8 取出，稍微凉一下，脱模，切块食用。

烹饪秘籍

① 面糊比较黏稠，借助刮刀来操作会方便一些。
② 模具涂抹少许油，可使脱模时很轻松。
③ 蒸熟后再虚蒸一会儿，可防止发糕塌陷。
④ 南瓜还可换成紫薯、红薯等，方法相同。

不用烤箱也能做出香甜松软的蛋糕
蒸鸡蛋糕

时间
60 分钟

难度
高

很好地解决了没有烤箱但是想自己做蛋糕吃的问题，虽然看着步骤有点多，但其实很简单，多做两次就能完全掌握了。蛋糕的口感蓬松、柔软香甜，不油腻，是孩子喜爱的点心。

主料 中等大小的鸡蛋 3 个 | 面粉 100 克
辅料 细砂糖 50 克 | 植物油 10 克

做法

准备 ⟶ **制作**

1 将鸡蛋的蛋清和蛋黄分开放入两个容器中。

2 打蛋器中档将蛋清打发至能稍微定形的奶油状，中间分3次加入细砂糖。

蒸制 ⟵

7 过滤后的蛋糕液加入植物油，稍作搅拌，分装进蛋糕杯或者小容器当中。

8 蒸锅内水烧开，放入蛋糕杯，大火蒸20分钟，蒸好后闷3分钟左右即可。

3 打蛋器中档快速将蛋黄打至蛋黄发黄，起泡沫的状态。

4 将蛋黄液分次、慢慢匀速倒入蛋白中，轻轻地，大幅度稍作搅拌。

5 将面粉筛入搅拌好的蛋液中，大幅度轻微拌匀，制成蛋糕液。

6 制作好的蛋糕液用筛子过滤，让蛋糕的口感更加细腻。

烹饪秘籍

① 在手工搅拌蛋糕液时，最好使用刮刀，筷子也可以。手法要轻柔，划大Z字形即可，以免太用力让面粉起了筋道，就像馒头了。

② 蒸好后的蛋糕关火后闷几分钟，以免膨胀的蛋糕突然遇冷回缩，影响造型和口感。

绵密清甜的经典小食
鸡蛋红枣山药糕

时间
35分钟

难度
低

主料　山药 200 克
辅料　红枣 35 克 | 鸡蛋 3 个 | 白糖少许

做法

准备

1 山药洗净，去皮，切小块，放入搅拌机中打成山药泥。

2 红枣洗净，去核，切碎。

3 山药泥中打入鸡蛋，加红枣碎、少许白糖，充分拌匀成糊状。

蒸制

4 将红枣山药鸡蛋糊倒入容器中，放入蒸锅中，上汽后蒸25分钟即可。

山药捣成泥，混合上枣碎、鸡蛋，蒸熟定形，入口绵密清甜，滋补养胃，用来招待客人最好不过。

烹饪秘籍

先往容器中刷一层油或铺一张烘焙纸，防止红枣山药鸡蛋糊粘在容器上。

主料　干银耳半朵｜干莲子 20 颗
　　　干红枣 10 颗
辅料　冰糖 20 克

补益气血的佳品
银耳莲子红枣羹

时间
60 分钟

难度
低

做法
准备

银耳提前一晚泡发，
至完全膨胀。

1

干莲子提前浸泡 2
小时、红枣洗净后
备用。

2

银耳撕成小片，加
入红枣、莲子、冰
糖，倒入 1000 毫升
清水。

3

蒸制

蒸锅内水烧开，中小
火蒸 60 分钟左右，
至莲子软烂即可。

4

烹饪秘籍

① 购买银耳的时候，选择颜色自然的，过
于白净或者过于发黄的都不好。
② 红枣甜度比较高，不加糖也有自然的
甜味。
③ 虽然炖煮时间较长，但其实做的方法很
简单，用炖锅头天晚上提前炖好，早上起
来直接喝，非常方便。

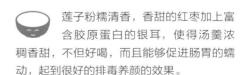

莲子粉糯清香，香甜的红枣加上富
含胶原蛋白的银耳，使得汤羹浓
稠香甜，不但好喝，而且能够促进肠胃的蠕
动，起到很好的排毒养颜的效果。

胡同里的味道
老北京宫廷奶酪

时间
30 分钟

难度
高

这是一道老北京传统小吃，宋朝词人辛弃疾形容它"香浮乳酪玻璃碗，年年醉里偷尝惯"，可见美味绝非一般。

主料 牛奶 250 毫升 | 米酒 100 毫升
辅料 蜜红豆适量

做法

准备 ➝ **制作**

1 米酒过筛，将汤汁和米粒分离，只保留汤汁。

2 奶锅加热，倒入牛奶，煮至锅边冒小泡关火。

3 牛奶冷却后，把米酒缓缓倒入。

4 将牛奶和米酒搅拌均匀。

冷藏 ⬅ **蒸制**

7 蒸好后放入冰箱冷藏。

8 取出冷藏好的奶酪，撒上蜜红豆即可。

5 把搅拌好的奶汁倒入一个干净的碗中，盖上一层保鲜膜，用牙签戳几个洞。

6 蒸锅中烧开水，将碗放上去，转小火蒸20分钟。

烹饪秘籍

如果想吃热的，早上起床放入微波炉加热30秒即可。在蒸奶酪的时候要全程保持小火，火大了奶酪会变得粗糙。

图书在版编目（CIP）数据

萨巴厨房. 简单一蒸就好吃 / 萨巴蒂娜主编. —北京：中国轻工业出版社，2024.9

ISBN 978-7-5184-3904-1

Ⅰ．①萨… Ⅱ．①萨… Ⅲ．①蒸菜—菜谱 Ⅳ．①TS972.12

中国版本图书馆 CIP 数据核字（2022）第 041127 号

责任编辑：张　弘

文字编辑：谢　兢　　　　　责任终审：高惠京

整体设计：锋尚设计　　　　　责任校对：晋　洁　　　责任监印：张京华

出版发行：中国轻工业出版社（北京鲁谷东街5号，邮编：100040）

印　　刷：北京博海升彩色印刷有限公司

经　　销：各地新华书店

版　　次：2024年9月第1版第5次印刷

开　　本：710×1000　1/16　印张：12

字　　数：200千字

书　　号：ISBN 978-7-5184-3904-1　定价：49.80元

邮购电话：010-85119873

发行电话：010-85119832　010-85119912

网　　址：http://www.chlip.com.cn

Email：club@chlip.com.cn

版权所有　侵权必究

如发现图书残缺请与我社邮购联系调换

241580S1C105ZBW